Lucia Dettori

Il Delta
La Legge delle Dimensioni

Tra Scienza e Spiritualità
per generare
Armonia Conoscenza Equilibrio Bellezza Amore

Copyright©2009 Lucia Dettori

Tutti i diritti riservati

Il Delta

La Legge delle Dimensioni

Il Delta

La Legge delle Dimensioni

PREMESSA

Tutto è possibile per voi, se imparate a vivere nella luce e della luce. Tutto è luce, voi siete esseri di luce e la vostra vita è meravigliosa.

La luce è tutta intorno a voi e dentro di voi. La felicità e la gioia, l'amore e la bellezza sono per voi e dentro di voi.

Il cammino per trovarle è molto semplice, bisogna solo volerlo percorrere. Cominciare, muovere i primi passi senza pensare a quale sia il camino migliore, perché tutte le strade confluiscono in una. La direzione è sempre la stessa. I modi per essere luce nella luce sono infiniti e sono dinanzi a voi, percorreteli, poiché il momento è giunto.

Il cambiamento è bellezza e sta accadendo sotto i vostri occhi, osservatelo con attenzione, senza alcuna paura. Esso apre le porte della luce, varcatele e la gioia sarà immensa. Tutto sarà armonia pura e infinita, emozione e vita.

Ognuno di voi è un essere unico ed eccezionale, diverso da tutti e pieno di potenzialità. Una volta ricordato questo, il cammino è già iniziato.

Il cammino è l'inizio della luce...

Il Delta
La Legge delle Dimensioni

INTRODUZIONE

Tutti voi che vi trovate dinanzi a queste pagine, siete persone che - sia che lo facciate a livello consapevole o no - si stanno interrogando sul senso della propria vita.

Alcuni perché soffrono nel corpo o nello spirito, altri perché vicini a persone che soffrono, altri ancora semplicemente perché sentono un grande desiderio di conoscere qualcosa d'altro, che vada oltre a ciò che hanno conosciuto fino ad ora.

Anch'io mi sono posta queste domande e l'ho fatto con grande insistenza negli ultimi dieci anni.

Sono stati anni di ricerca, di studio, e di apprendimento a vari livelli.

Ho trovato le risposte che cercavo e ho individuato un metodo affinché ognuno possa - se lo vuole - arrivare alle sue risposte.

Una delle cose che s'impara, quando si arriva a un certo punto della conoscenza, è che *"chi trova deve comunicare"* a quante più persone possibili; bisogna *Passare l'Informazione*. È il motivo che mi porta a scrivere queste pagine per condividere con voi tutti ciò che ho trovato e per indicarvi il percorso, attuabile attraverso lo strumento ritrovato.

Ci sono risposte a tutte le vostre domande e dei modi molto validi per cambiare la vostra vita, dandole il senso che essa ha avuto fin da sempre ma, che per lungo tempo, vi è sfuggito.

Le molteplici sfaccettature della realtà, e le diverse linee di possibilità quantiche su cui decidono di spostarsi, portano, gli esseri umani, a vivere nello stesso mondo in modo completamente diverso.

Ogni modo, ogni strada, ogni tecnica scoperta e divulgata in questi ultimi anni è ugualmente valida, infatti, ognuna di esse si adatta a persone diverse. Le persone, in virtù delle molteplici possibilità quantiche contenute nella realtà, seppure accomuniate dalla ricerca di evoluzione personale, hanno la necessità di scegliere modi diversi, secondo i propri desideri, attese di vita, velocità di cambiamento e livello di consapevolezza.

Accettiamo, dunque, il movimento e la molteplicità d'idee, teorie e soluzioni, poiché ogni cosa sta convergendo verso un unico centro focale, cui tutti giungeranno, ognuno con i propri tempi e secondo le proprie peculiarità.

Ben venga l'energia di cambiamento e la Luce.

In queste pagine s'introdurrà un metodo diverso, perché rivolto a persone differenti.

Vi è un modo infallibile per comprendere se questo sia il "metodo" che state cercando: leggete poche righe, aprendo il libro a caso, se il vostro cuore sentirà un'immediata empatia, comprate il libro, altrimenti rimettetelo pure al suo posto, sarà per qualcun altro.

Il Delta
La Legge delle Dimensioni

CAPITOLO I

IL PERCORSO

Sembra utile, ai fini di una migliore comprensione di tutti gli argomenti trattati in seguito, discorrere, in questo primo capitolo, di quali siano state le tappe fondamentali che hanno portato a una conoscenza così diversa, eppure così antica. Una conoscenza del tutto nuova ma permeata di stilemi e archetipi antichi, quanto la stessa esistenza umana.

Il nuovo, anche quando è nuovo nel modo più assoluto, scaturisce sempre e comunque dal vecchio, in particolare quando ci si vuole allontanare il più possibile dal conosciuto.

È, dunque, bene evitare di prescindere dal vecchio, poiché è tanto radicato nella memoria umana, da tornare, inesorabile, a porre l'accento sulla consequenzialità del tutto.

Opporsi a ciò che è già stato, significa opporsi a una parte di se stessi. Partire da ciò che è stato, per elaborare il nuovo, è evolvere se stessi. Tal evoluzione, è possibile grazie a chiunque abbia contribuito a ciò, e chi è venuto dopo, è avvantaggiato da chi è venuto prima. Anche quando si scopre che qualche volta la conoscenza di chi è venuto prima, era superiore a quella successiva, quanto detto, resta valido. Anche in chi non ne ha mai avuto accesso consapevole, la conoscenza esiste. Dormiente, sopita, lontana, tuttavia concreta e facilmente raggiungibile, Esiste in essi, perché tramandata da chi è venuto prima.

L'altra realtà

1.

Non ho mai saputo, con precisione, quando sia cominciato il mio percorso di ricerca ma, ogni volta che ci penso, mi rendo conto che qualsiasi cosa io abbia fatto nella mia vita mi ha portato verso questa.

Fin da bambina avevo assoluta certezza che quella che vivevo quotidianamente non fosse la Vera Vita, così la chiamavo allora. Mi capitava spesso di vivere in quell'altra realtà una materialità talmente convincente da essere più vera della vita. Non so più spiegarlo molto bene, ma allora mi era molto chiaro; oggi, con parole da adulta, direi che percepivo un mondo parallelo. Vivevo il quel mondo e anche in questo, comprendendone le differenze. Non so se fosse il mondo immaginario tipico dei bambini, e, a dire il vero, a oggi non so neanche quanto d'immaginario o reale vi sia nel mondo dei bambini; essi non si pongono il problema, vivono e basta.

Certo è che quel mondo non è mai finito per me; continua.

Adolescente, ebbi un brusco "risveglio". Le mie compagne mi accusarono di essere troppo diversa, allora mi adattai. Creai per me due mondi separati e distinti: l'uno esterno, fatto di quotidianità, d'interessi da ragazzina, di cantanti famosi, di squadre del cuore; l'altro interiore, fatto di letture, luoghi, emozioni, sentimenti, vite, paesaggi e tempi sconosciuti, ma stranamente, a me connaturali.

Fin da allora le mie letture preferite sono i romanzi storici; mi affascina conoscere la vita quotidiana della gente durante l'arco dei secoli e delle civiltà. Un genere letterario che scoprii casualmente (ora so che non esiste la casualità), quando a dodici anni, dopo aver letto tutti libri per bambini, presenti in casa, m'imbattei nel romanzo Guerra e Pace di Tolstoj. Fu un amore fulminante, quel libro aprì i miei occhi su ciò che cercavo: la storia raccontata da una prospettiva diversa.

Appresi che, così come immaginavo, tutto, nella realtà, può avere interpretazioni diverse; non ho mai dimenticato quella lezione. Ho continuato a vedere tutto da varie prospettive. Quell'opera era ciò che mi serviva, rappresentava per me la consacrazione "scientifica" che mi consentiva di continuare a coltivare la diversa oggettività che avevo, naturalmente, intuito.

In seguito, le biografie dei grandi personaggi storici mi hanno aiutato a comprendere, da sola, l'altra faccia della loro realtà, diversa da quella raccontata nei libri di storia. Ho intuito la magia della loro "grandezza", e la sete di vita - spesso di distruzione - che li ha mossi.

Immancabilmente m'imbattevo nella realtà che mi mostrava, costante: la verità non è mai una sola. Leggendo con attenzione, scoprivo, per esempio, che Alessandro Magno, celebrato in occidente come il Grande conquistatore e degno rappresentante di quella passione umana che brucia la vita all'inseguimento di un sogno, fu, e rimane, per i popoli del Centro Asia, Iscandro il Terribile, che portò morte e distruzione e irrorò di sangue una terra antica di sapere e memorie.

Due verità, un unico uomo.

Andavo avanti alla ricerca della realtà, mantenendo separate le mie due "vite"; facevo studi classici nella mia quotidianità, e ritagliavo tempo per l'altra vita, in cui le letture si erano man mano trasformate in veri e propri studi paralleli incentrati su alcuni filoni principali: l'antico Egitto, le vecchie religioni europee, tutto ciò che riguardava l'altra verità sulla vita di Gesù, e le antiche religioni dell'Asia centrale.

Interessi disparati, mi sembrava a quei tempi, un unico grande cammino, comprendo ora.

Nel mio piccolo paese gli anni del liceo trascorsero tranquilli, tra letture e studi. Non vi furono particolari turbamenti in quegli anni, né in quelli successivi quando mi trasferii a Firenze per completare gli studi. Le mie due vite continuavano a scorrere parallele e molto vivaci; mi sentivo al centro del mondo e imparai moltissimo, soprattutto dalle persone che incontrai. Una volta laureata decisi di tornare in Sardegna per svolgere la libera professione come architetto. Sentivo che, nonostante il mio amore per Paesi lontani, era in quella terra che volevo fare qualcosa, anche se non sapevo esattamente cosa.

Svolgere la libera professione, è sempre stato di fondamentale importanza per me. Sono contraria per natura a ogni cosa che

dia l'idea di mancanza di libertà. Questa scelta professionale mi appagava molto dal punto di vista creativo e, contemporaneamente, mi lasciava tempo per vivere l'altra realtà fatta di libri, viaggi, ricerca continua...

Riuscivo a destreggiarmi bene tra le due realtà, e, anzi, ero andata avanti fino a spingermi a formulare, in modo embrionale, una mia teoria. Partendo dal presupposto scientifico che tutto ciò, che viviamo nella quotidianità è creato della mente, (ed io che "conoscevo" l'altra realtà, potevo ben dirlo), ero giunta, per deduzione, ad affermare che anche il malessere non sia reale, ma sia, anch'esso, una creazione convenzionale della mente. Ero certa che, una volta liberato da tali convinzioni, chiunque avrebbe vissuto senza male.

C'era e c'è una ragione ben precisa, per cui la mia attenzione si andava a focalizzare sul malessere e i possibili metodi per allontanarlo dalla quotidianità; la ragione è che fin da prima della mia nascita, mia madre è stata definita "in pericolo di vita" dalla scienza medica. La mia vita è, dunque, una continua corsa contro il tempo. Oggi, grazie alla conoscenza acquisita, ho fatto della mia velocità una virtù, determinando la direzione in cui si è evoluta la mia ricerca.

Nelle prossime pagine si vedrà come sia possibile trasformare qualsiasi cosa, anche le "discordanze", in qualcosa di utile per sé e per gli altri.

Questa era allora la mia teoria, ma, poiché formulata nell'altra realtà, la tenevo ben lontana dalla vita quotidiana e, soprattutto, mi guardavo bene dal parlarne con chicchessia. Nonostante tutto, però, ero molto attenta a percepire i segnali esterni. Un giorno capitò di leggere un volantino, e mi soffermai su una frase dalla quale si arguiva che vi erano studi scientifici che confermavano una stretta interdipendenza tra il malessere fisica e il cervello. Sembrava che tali studi avessero portato alla conclusione che, qualsiasi tipo d'infermità, sia determinato da meccanismi del cervello, che, tra le varie risposte a condizionamenti esterni, prevedrebbe appunto anche il malessere.

Ebbi una reazione di gioia istantanea. Compresi di non essere matta, poi sorrisi al pensiero che, forse lo ero comunque e l'unica differenza era nel fatto che ci fossero altri matti come me.

Decisi, dunque, di approfondire la strana teoria, studiando il comportamento del cervello e mettendolo in correlazione con l'intorno, inteso, non solo come ambiente presente, ma anche in quanto eredità del passato.

In quegli anni appresi tantissimo.

Confermai l'importanza di osservare la realtà da altre prospettive e imparai a conoscere le cosiddette memorie biologiche che portano gli esseri umani a vivere una vita che non è completamente la loro. Memorie trasmesse da una generazione all'altra che spingono ad agire secondo schemi prestabiliti per i quali ci sono risposte predeterminate, - quindi automatiche - delle quali non si ha consapevolezza. Appresi che il malessere, i comportamenti, gli eventi, le coincidenze, altro non è che una grande trama di ritmi e cicli all'interno dei quali il genere umano si muove, da sempre. Trovavo facilità nei rapporti di causa ed effetto, e mi divertiva, una volta osservato il sintomo evidente, risalire alla causa scatenante. Tutto era semplice, quasi meccanico, e il cervello umano appariva come un ingranaggio del quale conoscevo ogni parte e di cui ero in grado di prevedere la reazione a un determinato stimolo. Giunsi a conoscenza delle mie paure, causa dei meccanismi di risposta per il mio cervello e del mio comportamento; infine imparai la maestria della mia vita.

Alla fine, mi sentivo una persona nuova, in grado di affrontare il tratto di strada successivo. Avevo imparato a "leggere" le persone con la semplice osservazione di ciò che della loro vita appariva esternamente: la forma del corpo, le movenze, le abitudini, la voce, il modo di parlare, la macchina, la casa o la trasmissione preferita... insomma, a leggere quelli che, con termine tecnico, sono detti i "manifestati" delle persone, e a padroneggiare le tecniche che aiutano nella soluzione dei meccanismi innescati dalle paure. Appresi anche un'altra cosa, e cioè che il meccanismo di base, innescato dal cervello e che porta al malessere, a qualsiasi livello esso si manifesti, può essere modificato ma non rimosso in modo definitivo. Si può imparare a individuare il motivo alla base di un malessere e risolverlo nel minor tempo possibile, ma non si può cambiare il meccanismo che s'innesca per quel motivo, perché è strutturale; fa cioè parte della struttura stessa del cervello.

Ero contenta della grande conoscenza acquisita, ma il fatto che non si potesse cambiare la struttura, mi faceva apparire il cervello, una macchina i cui ingranaggi metallici lo rendono rigido e inadeguato all'evoluzione...

Questo mi suonava strano, tuttavia, pensando che facesse parte dell'altra mia vita - che continuavo, a tenere separata dalla quotidianità - non badavo a tale stranezza. Del resto ero un architetto che si dilettava di saperne di più sulla vita e di osservare cose diverse solo per crescita personale. Non ero una psicologa, né una psichiatra, né un medico, né nient'altro che avesse a che vedere con queste cose.

Nonostante cercassi giustificazioni per evitare di occuparmi di approfondire questa conoscenza, mi rendevo conto che avevo imparato a ragionare in maniera diversa anche nella quotidianità e sentivo che le mie due realtà si stavano avvicinando molto più velocemente di quanto non immaginassi.

Oggi so che avevo attivato un meccanismo energetico talmente forte che solo la mia incoscienza di allora poteva pensare di riuscire a tenere separata da esso anche solo una piccola parte di ciò che mi circondava. Non ero consapevole, ma in ogni aspetto della mia vita avevo cominciato a farmi domande dirette e a cercare la risposta più immediata, superando spesso le barriere del pensiero razionale.

In tal modo ero giunta a una certezza: nella mia esistenza aspiravo a fare evoluzione in ogni singolo aspetto di me stessa. Non sapevo ancora come avrei applicato tutto questo a tutti i settori della mia vita, ma intuivo che ne avrei trovato il modo. Stavo cominciando a entrare nell'ordine d'idee secondo cui le mie due realtà forse non erano poi così separate e distinte.

Proprio mentre comprendevo il bisogno di riportare all'unità le mie due realtà, feci qualcosa d'istintivo, che lì per lì non compresi appieno: dopo aver ringraziato l'Universo per l'opportunità, datami dallo studio di queste tecniche, decisi che dovevo intraprendere un nuovo percorso, del tutto diverso. Non sapevo bene perché l'avessi fatto, ma intuivo che avevo bisogno di cercare altro.

I miei studi procedettero in una maniera apparentemente disordinata: i manuali di anatomia umana e i trattati di fisica classica, si alternavano alle scoperte di scienziati che - di volta in volta - definivano la propria disciplina nuova medicina, nuova genetica, nuova scienza... come a rilevare la distanza dalla scienza classica. E ancora: trattati di preghiera, teorie sciamaniche, bio-geologia, miti e leggende celtiche, archeo-astronomia... Tutto si addensava nella mia mente e gli appunti prendevano vita dalle pagine accumulate sulla mia scrivania. Non m'interessava l'estrema diversità con cui i concetti erano spiegati, poiché mi rendevo conto che tutte le conoscenze, che acquisivo, mi trasportavano nella direzione certa dell'esistenza di una realtà, molto più ampia e articolata di quanto gli esseri umani di questo tempo storico siano abituati a pensare.

Infine trovai il minimo comune denominatore che univa quegli studi all'apparenza così disparati; tutte le teorie, le tecniche, le scienze, le meditazioni... andavano a convergere verso un unico punto focale: tutto è un unico cammino.

Avevo la certezza, sempre confermata da nuove scoperte, che tutto fosse Uno. Non è mai venuta meno in me, e da tale certezza ho tratto i massimi benefici poiché mi pone in una situazione di leggerezza permettendomi di prendere e di apprendere da tutto.

A un certo punto, però, mi fermai.

Dopo sei anni di studi e di ricerche, ero costretta a fermarmi poiché trovavo in tutte le discipline, un particolare punto comune, un assioma che, dal mio punto di vista, non dava possibilità di sblocco.

Ogni scienza, teoria, disciplina di qualsiasi tipo sembrava trovare un'unica soluzione possibile al fine del benessere degli esseri umani; tale soluzione può essere riassunta nella frase *"prestare la massima attenzione"*. Significava, una volta individuata la causa del malessere umano, (si trattasse di angoscia, mancanza di armonia, ansia, mal di vivere, tristezza, povertà o altro ancora) che da essa non si potesse prescindere. La causa del malessere, che più semplicemente è definita "discordanza", secondo la maggior parte delle teorie non può scomparire, poiché, inesorabilmente, si ripresenterà ancora e ancora nella vita della persona. L'unica soluzione di tutte le discipline - nuove o vecchie - è "prestare attenzione", individuare cioè la discordanza al suo insorgere, e far sì che duri il minor tempo possibile, intervenendo in vario modo per porvi riparo immediato.

Questo trovavo ovunque come soluzione, sia si trattasse di scienze "nuove" sia di antichi testi.

Le norme indicate per tenere a bada la discordanza, sono un po' diverse, e, secondo la disciplina che si prende in considerazione, si tratta di meditazione, preghiera, semplice osservazione attenta e consapevole del mondo che ci circonda, oppure di lotta vera e propria come in alcune tradizioni sciamaniche...

Di là delle differenti soluzioni indicate per l'abbassamento della soglia di discordanza, il minimo comune denominatore che unisce queste discipline resta che gli esseri umani devono avere a che fare con la propria discordanza durante tutto il corso della vita sulla Terra.

Essi, pur essendo nati con infinite potenzialità, sembrano in qualche modo destinati - per se stessi o per motivi determinati dai propri simili o dall'ambiente circostante, da credenze, convinzioni, tradizioni, memorie, apprese o ereditate - a tenersi sempre all'erta attivandosi continuamente al fine di opporre la minima resistenza e lasciarsi portare con dolcezza dalla corrente della vita.

Nel fare le dovute considerazioni, un forte senso di tristezza m'invadeva al pensiero di tale condizione umana, tuttavia sapevo di non poter fare niente per cambiare tutto ciò. Avevo, infatti, sufficiente conoscenza per comprendere che non è possibile interferire in alcun modo con l'altrui libero arbitrio. D'altro canto, sapevo con certezza che si può e si deve cambiare se stessi.

Avevo fatto tesoro delle conoscenze su me

stessa, sapevo quali erano i miei bisogni biologici, le mie strategie di sopravvivenza, il mio progetto-senso, il mio obiettivo di vita... Tutta la conoscenza acquisita, m'impediva di pensare in un'unica direzione e m'impediva altresì di prendere in considerazione, come unica, l'eventualità che voleva la mia vita trascorrere nel prestare la massima attenzione, meditare o altre cose simili... Dalla meccanica quantistica avevo appreso che le soluzioni per ogni singolo evento sono infinite, e intuivo che questa potesse essere solo una delle soluzioni. Avevo, inoltre, la forte sensazione che tutti i metodi proposti per ottenere di tenere a bada la discordanza fossero ottimi, ma che nessuno facesse per me, poiché miravano a ottenere una soluzione che non ritenevo valida per la mia personale scelta di vita. Immaginavo me stessa intenta a concentrare la mia attenzione per evitare di entrare nelle mie personali discordanze. Mi vedevo concentrata a condurre una vita quotidiana piacevole, alla continua ricerca di equilibrio e armonia, in un estenuante slalom tra i paletti della vita stessa; in tal modo non avrei avuto tempo ed energie per fare altro.

Avevo altre cose in mente per me stessa.

Desideravo avere benessere a tutti i livelli sempre e costantemente, senza doverle ricercare e ricostruire ogni volta. Aspiravo a condurre la mia vita senza prestare la massima attenzione, libera dal continuo sforzo energetico di controllo della realtà circostante o di paura di poter perdere i benefici acquisiti a causa di una mia distrazione. Il benessere a tutti i livelli doveva diventare un dato di fatto nella mia vita, acquisito in modo definitivo e sempre in naturale equilibrio. Ciò mi avrebbe consentito di andare avanti e dedicarmi a fare altro.

Ero e sono, infatti, convinta che l'obiettivo di ogni essere umano sia fare evoluzione, e che benessere, gioia, prosperità economica, relazione sentimentale, lavoro appagante... siano il punto di partenza e non quello d'arrivo per il suo cammino.

Presi la mia decisione: se non trovavo negli scritti e negli studi di altri ciò che cercavo, significava che questo genere di soluzione era un'esigenza mia, personale... perciò avrei dovuto trovarmela da sola.

Decisi di trovarla.

Avrei fatto intenzionalmente il salto quantico scegliendo di vivere la possibilità di libertà da qualsiasi contrapposizione; dunque l'equilibrio armonioso in tutti i settori della mia vita e a tutti i livelli.

Questa idea mi piaceva molto, sopratutto per due motivi: da un canto mi permetteva di risolvere quello che fino a quel momento sembrava essere un problema solo mio, e che perciò stesso nessun altro aveva interesse a risolvere, d'altro canto mi consentiva di applicarmi alla ricerca che mi stava appassionando sempre più.

Cominciai la ricerca che cambiò ulteriormente la mia vita. Il nuovo cammino aveva ormai acquisito un posto primario nella mia quotidianità. Per due anni smisi di svolgere la mia professione -che pure mi ha sempre appassionato e che continua a entusiasmarmi- e m'immersi nella nuova ricerca; totalmente. Dedicavo circa venti ore al giorno agli studi, e ne impiegavo altre quattro per dormire: nient'altro m'importava, solo la mia passione.

Si trattava, infatti, di passione allo stato puro, quella che, non rispondendo ad alcuna delle leggi e regole conosciute, assume il comportamento che ritiene più confacente a se stessa, raggiungendo spesso dei picchi totalizzanti come nel mio caso.

Che fosse passione, bellissima e fiammeggiante, totale e pura, viva e intima, ne ebbi la certezza quando, una volta trovato lo strumento che cercavo, l'armonia e l'equilibrio cominciarono a fluire in me, insieme alla nuova consapevolezza...

2. Il salto quantico

Avevo preso dunque la mia decisione: *fare intenzionalmente il salto quantico.*

A questo punto è indispensabile chiarire che cosa io intenda con tale definizione e, per farlo, aprirò una breve parentesi che illustri uno dei modi in cui si "manifesta" la realtà secondo la fisica quantistica.

Il quanto è il valore minimo definito e indivisibile di una grandezza fisica che può variare soltanto per multipli di tale valore. Si tratta della quantità minima di "materia" sufficiente per essere studiata in laboratorio. Secondo la fisica quantica, la realtà tutta - se osservata nella sua "manifestazione" sotto forma di particelle e non di onde - è fatta d'infinità di quanti di luce, che sono detti fotoni.

I quanti di luce creano dunque la realtà.

Immaginate di osservare una sequenza di tali punti luminosi che si susseguono uno dietro l'altro creando dei sottilissimi fili. Su ognuno di tali fili esistono delle possibilità differenti di vita, che sono appunto dette possibilità quantiche. La realtà è data dunque da infinite scie di fotoni, che corrono come linee parallele portando ognuna una possibilità quantica.

Anche le possibilità quantiche sono dunque infinite. E' questo il principio su cui si basa la teoria della fisica dei quanti. Secondo tale scienza, infatti, esistono possibilità multiple per ogni singolo evento, cioè per ogni specifica circostanza vi possono essere diversi risultati. Tali possibilità esistono già tutte realizzate su scie diverse di fotoni. Questo significa che ogni possibilità è già stata creata ed è presente nel nostro mondo, e che, se si vuole passare da un risultato a un altro, si può fare una sorta di salto di corsia, da una scia di fotoni a un'altra; tale spostamento è detto appunto *salto quantico*.

Ciò che io intendevo fare, era dunque questo: passare dalla scia di fotoni in cui la mia vita si era trovata fino a quel momento, - nella quale vivevo ormai con disagio a causa della presenza e del ripetersi ciclico delle mie discordanze - sulla scia di fotoni in cui la mia vita fosse libera da qualsiasi discordanza e da qualsiasi memoria cellulare ereditata o acquisita dall'esterno, dunque non mia.

Avevo ben chiara la linea di possibilità quantica che ricercavo e sulla quale avevo scelto di vivere. Cercavo, infatti, la scia di fotoni in cui vi è la possibilità di cambiare le informazioni cellulari; tale scia assomma in sé una serie di corollari, non ultimo la possibilità di cambiare tutte le informazioni.

Tutte, nessuna esclusa.

Questi ragionamenti mi rafforzavano nel proseguire la ricerca, anelando al raggiungimento dell'obiettivo nel più breve spazio di tempo lineare. Inutile ricordare che per mia natura sono portata ad accelerare, ogni qualvolta lo ritenga utile per me.

Nonostante il grande entusiasmo, mi sentivo una mosca che sbatte contro un vetro, proprio quando le sembra di intravedere la via d'uscita. Infatti, la scienza dei quanti non ha ancora trovato o, se l'ha fatto, non ha ancora spiegato e divulgato, il modo per fare il salto.

Fino ad ora ci si è affidati a una sorta di casualità, che a volte accade e altre no. Per esempio gli esseri umani hanno coniato il termine "fortuna", per spiegare il salto quantico che a volte alcuni riescono a compiere. Una vincita multimilionaria può cambiare la vita delle persone, fino anche nei più piccoli dettagli della quotidianità. Può cambiare non solo il rapporto con i soldi, ma anche con lavoro, relazioni interpersonali etc.; a ben guardare, però, la fortuna è rappresentata come una dea bendata che, fugace e incostante, colpisce improvvisamente per poi, altrettanto improvvisamente, dileguarsi, dimostrando così la propria totale e assoluta "casualità".

Anche un grave terremoto può cambiare la vita di una persona in modo radicale. Improvvisamente senza casa, beni e, talvolta, senza famiglia, l'individuo si trova a doversi inventare un nuovo modo di vivere. Poiché gli esseri umani sono portati a dare sempre giudizi, in tal caso si parlerà di tragedia.

Se si vede, però, dal punto di vista del profondo cambiamento, sia si tratti di una tragedia, sia di un colpo di fortuna, si può dire di avere fatto un salto quantico.

Per le scie di fotoni non esiste il concetto di bene o male, esse esistono e basta, e, affidandosi alla casualità, ci si troverà a camminare su alcune o su altre, non importa quali.

Avevo deciso di cambiare la mia vita e di fare il salto quantico passando esattamente nella scia fotonica da me scelta, perciò dovevo trovare il modo da sola, evitando di affidarmi alla "casualità". Da questo punto di vista, dire che la casualità non esiste, è un luogo comune. Infatti, dal punto di vista delle scie fotoniche, anche la casualità è una possibilità quantica, perciò si può decidere di viverla oppure no.

Avevo scelto di vivere diversamente, e sapevo che vi era la soluzione al *come fare*, la dovevo solo trovare.

Partivo bene, perché sapevo cosa stavo cercando: il modo per cambiare la mia vita, quella di qua dal velo.

Devo ammettere che avevo una possibilità in più per riuscire nella scoperta: la conoscenza di quell'altra realtà, dove ogni cosa mi era svelata in modo che potessi comprenderla con facilità.

Avevo anche un valido aiuto datomi da tutti gli strumenti che avevo imparato a utilizzare attraverso i miei studi. E poi l'impresa mi appassionavaequestoèunaltroelementochepuò aiutaremolto,incasisimili...Dunquecominciai.

Avevo avuto fin dall'inizio la forte intuizione che la soluzione a ciò che stavo cercando, fosse data dal punto d'intersezione tra la scienza, intesa nel senso letterale del termine, e ciò che io chiamo semplicemente Spiritualità.

Quando parlo di Spiritualità, mi riferisco a ciò che è intangibile agli esseri umani, poiché essi non possono percepire la sua esistenza attraverso i cinque sensi. La parte intangibile - si può dire sconosciuta, perché non manifesta secondo i modi consueti - corrisponde tuttavia al 90% dell'Universo, perciò è impossibile per l'umanità prescindere da essa.

Secondo i ricercatori, che hanno ricostruito con dei modelli informatici la creazione del nostro universo e il così detto "Big Bang" attraverso il quale esso ha avuto origine, poco dopo l'istante dell'esplosione, il 90% dell'Universo sparisce.

Cioè data una massa di materia pari a 100, subito dopo l'esplosione ne rimane solo il 10% circa. Dove è andata a finire la restante parte?

Sappiamo, attraverso lo studio della nostra realtà, che i quanti vibrano a velocità differenti, dandoci così consistenze diverse di "materia" che, per comodità, definirò come più o meno compatta. Perciò, attenendomi a questa definizione, dirò che le rocce hanno una vibrazione bassa, per cui sono decifrate dai sensori umani come più compatte; gli esseri viventi hanno una vibrazione più alta, ed essi hanno una struttura meno compatta, e così via fino ad arrivare, con l'aumentare delle vibrazioni, a strutture sempre meno compatte, come i gas, l'aria e tanto altro ancora…

Elementi come l'aria e la luce, che vibrano a velocità altissime, sono dunque intangibili ma ciò non ne compromette l'esistenza e l'utilizzo da parte degli esseri umani. Si pensi ad esempio al fatto che molti gas inodori, insapori, incolori, impalpabili e inaudibili, sono tuttavia imbrigliati dall'uomo all'interno di contenitori e utilizzati per il proprio benessere. Con tali presupposti si può affermare che continuamente ci si serve di elementi che, pur essendo intangibili e non manifesti, sono considerati esistenti nella nostra realtà.

I Cosmologi hanno, dunque, ipotizzato che il 90% circa della massa costituente originariamente l'Universo, abbia impresso a se stessa, subito dopo l'esplosione, o forse contestualmente a essa, una vibrazione talmente alta da essere divenuta impercettibile per il restante 10% circa, di se stessa, e quindi anche per gli esseri umani che di quel 10% fanno parte. Ritengono, tuttavia, che tale massa esista e sia tutta intorno a noi, con una vibrazione talmente alta da essere inconsistente per i nostri sensi.

Concordo appieno con tale teoria, poiché per me la realtà "tutto intorno" è spesso tangibile nel senso letterale del termine.

La soluzione che stavo cercando, si trovava dunque nel punto d'incrocio tra conosciuto e sconosciuto, corporeo e incorporeo, evidente e invisibile. Restava da superare solo un piccolo problema di approccio metodologico: la totalità dell'Universo, come campo di ricerca mi sembrava un po' vasta, anche con tutti gli strumenti che avevo. Tuttavia, non ho mai rinunciato alla logica a favore dell'intuitività, né ho mai fatto il contrario, perciò ho imparato a utilizzare lo strumento che all'occorrenza si rivela quello migliore. Così, ancora una volta, l'intuizione veniva in mio aiuto con un altro principio; la legge secondo cui ciò che è contenuto nell'infinitamente grande è altresì racchiuso nell'infinitamente piccolo. Ovverosia, l'Universo è olografico, e ogni cosa contenuta nel tutto, è anche all'interno di una sua parte.

Mi servii perciò di tale principio che, per intuito, sentivo utile e lo passai alla logica, per riflettere e ragionare su quale potesse essere un elemento di dimensioni più piccole che si comporta come l'Universo.

La risposta arrivò subitanea: il cervello umano. Infatti, anche di esso gli scienziati dicono sia utilizzata solo una percentuale tra il cinque e il dieci per cento delle sue potenzialità.

Ecco che potevo restringere il campo della mia ricerca a un ambito molto più vicino a me: il mio *cervello*.

Questa scelta presentava parecchi vantaggi, non ultimo di avere sempre a disposizione l'oggetto del mio studio.

3. Le onde cerebrali

Il funzionamento del cervello umano è stato studiato da lungo tempo e da varie discipline. Si sa che il cervello è sempre attivo e funzionante in qualsiasi momento della giornata, anche quando il corpo è a riposo, quindi non solo negli stati così detti di veglia ma anche durante il sonno. Scientificamente, l'attività del cervello si esprime attraverso l'emissione di onde che sono dette appunto onde cerebrali. Esse sono date da piccole differenze di potenziale elettrico e, benché attenuate, sono misurabili sulla superficie del cuoio capelluto. Il loro ordine di grandezza è delle decine di micro Volt (1 microVolt = uV = 1 milionesimo di Volt). L'attività cerebrale e la conseguente emissione di onde che oscillano, possono essere misurate e visualizzate attraverso un macchinario che riporta i dati su un tracciato grafico detto Elettroencefalogramma.

Un tipico esempio di tracciato EEG è il seguente.

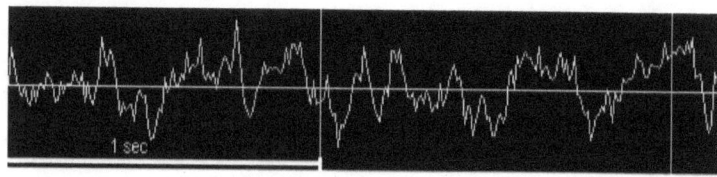

1 sec

In esso si possono distinguere quattro tipi (principali) di onde cerebrali, classificate in base alla frequenza, ossia il numero di oscillazioni il secondo, che sono misurate in Hertz.

1 Hz = 1 ciclo/sec.

Vediamo di seguito le quattro tipologie (misurate fin ora) di onde emesse dal cervello umano:

Onde beta: hanno una frequenza che varia da 14 a 30 Hz e sono associate alle normali attività di veglia, quando l'individuo è concentrato sugli stimoli esterni. Le onde beta sono, infatti, per gli esseri umani, alla base delle fondamentali attività di sopravvivenza, di ordinamento, di selezione e valutazione degli stimoli che provengono dal mondo che li circonda. Per esempio, leggendo queste righe il vostro cervello sta producendo onde beta. Esse, poi, permettono la reazione più veloce e l'esecuzione rapida di azioni.

Onde alfa: hanno una frequenza che varia tra gli 8 e i 14 Hz, e sono caratteristiche degli stati di rilassamento e meditazione quando la mente, calma e ricettiva, è concentrata sulla soluzione di problemi esterni, o sul raggiungimento di uno stato meditativo leggero. Le onde alfa dominano nei momenti introspettivi, o in quelli in cui più acuta è la concentrazione per raggiungere un obiettivo preciso. Sono attive in particolar modo al momento dell'addormentamento e al primo risveglio, quando ci si trova sul filo tra la veglia e il sonno.

Onde theta:hanno una frequenza che varia tra i 4 e gli 8 Hz, caratteristiche dello stato di sogno; sono proprie della mente impegnata in attività d'immaginazione, visualizzazione, ispirazione creativa. Tendono a essere prodotte durante la meditazione profonda. Il sogno ad occhi aperti, la fase REM del sonno, quella in cui si sogna. Nelle attività di veglia le onde theta sono il segno di una conoscenza intuitiva e di una capacità immaginativa radicata nel profondo. Genericamente sono associate alla creatività e alle attitudini artistiche.

Onde delta: hanno una frequenza tra 0,5 e 4 Hz e sono associate al più profondo rilassamento psicofisico. Le onde cerebrali a minore frequenza sono quelle proprie della mente inconscia, del sonno senza sogni, dell'abbandono totale. In questo senso sono prodotte durante i processi inconsci di auto-generazione e di auto-guarigione.

Le onde di transizione tra alfa e beta, vengono anche chiamate SMR. Le onde di alta frequenza, da circa 25 Hz, vengono anche chiamate onde gamma.

Fino a qui, quanto riportano tutti i manuali riguardo all'attività cerebrale del cervello e al suo comportamento nell'arco del tempo e dello spazio. Da qui potevo partire per fare le mie considerazioni. Dopo avere visto i modi di funzionamento delle onde cerebrali, avevo compreso che la soluzione che cercavo si trovava proprio lì, anche perché, come spiegato dalla meccanica quantistica, la norma secondo cui la realtà si manifesta sotto forma di particelle di materia, è solo una di due. Esiste un altro modo che è quello dell'onda. Tale dualità di comportamento nella manifestazione della realtà contingente, è stata utilizzata nella Teoria Quantistica dei Campi, che realizza la dualità onda-particella associando le particelle a *quanti di energia* di corrispondenti campi d'onda; per esempio, ai fotoni sono associati i quanti del campo elettromagnetico. In tal modo, si rende evidente l'assoluta identità di tutte le particelle di uno stesso tipo.

Partendo da questa dualità, dedussi che le onde cerebrali sono il modo in cui il cervello crea la realtà e interagisce con essa sotto la stessa forma: l'onda. Osservando il comportamento del cervello e le fasi di utilizzo delle diverse onde cerebrali, mi resi, inoltre, conto di quale fosse il rapporto esistente tra queste ultime e le varie discipline che avevo preso in considerazione. Compresi che, per esempio, la scienza tradizionale servendosi del ragionamento logico - razionale, utilizza prevalentemente le onde beta, infatti, come si è detto, esse sono onde di ordinamento, di selezione e valutazione degli stimoli che provengono dal mondo esterno all'individuo. Si è detto che sono anche le onde che consentono la reazione più veloce, il che significa che sono le onde prodotte dal cervello quando si ha accesso alle così dette "risposte automatiche", in altre parole all'archivio di risposte ereditate biologicamente, secondo alcune teorie, o apprese dall'ambiente circostante, secondo altre teorie. Un archivio che, quindi è in qualche modo estraneo all'individuo, ed è posto nel mesencefalo, la zona del cervello in cui vi sono anche le emozioni. Sono perciò le onde utilizzate per la soluzione della discordanza, nelle discipline scientifiche classiche. In ogni caso, le onde beta, poco profonde e molto frequenti, non erano ciò che stavo cercando, perché esse stesse, si occupano di gestire la maggior parte di quelle potenzialità del cervello pari al 5% che l'essere umano è abituato a utilizzare da millenni. Desideravo trovare, invece, l'accesso al restante 95% di queste potenzialità e conseguentemente alla parte di Universo ancora sconosciuto. Presi allora in considerazione le onde alfa che sono di minore frequenza rispetto alle beta, quindi più profonde. Come detto sopra, dagli studi scientifici risulta che le onde alfa dominano nei momenti introspettivi, o in quelli in cui più acuta è la concentrazione per raggiungere un obiettivo preciso. È facile comprendere che sono le stesse onde utilizzate per la soluzione alla discordanza nelle discipline che prevedono l'utilizzo del "pensiero positivo", in quelle che prescrivono la recitazione di mantra o preghiere in cui la recitazione cadenzata di suoni o parole provoca una sorta di leggero stato di trance, e in altre discipline in cui sono previsti stati di meditazione poco profondi. Sapevo già, per averli sperimentati personalmente, che tali metodi si rivelano validi, ma se si sospende l'attenzione consapevole, s'interrompe il processo positivo innescato. Perciò per continuare a ottenere benefici da tali pratiche, bisogna continuare puntualmente nella disciplina, e mantenere alto il livello di attenzione. Tutte cose poco confacenti al mio bisogno di cambiamento continuo che male si adatta alla ripetizione, di qualsiasi genere essa sia. Mi resi conto che utilizzare consapevolmente le onde alfa equivale, per il cervello, a sovrapporre un nuovo file di soli due megabit, a un file più antico, già presente (in alcune parti da migliaia di anni, e in altre parti da milioni di anni) nella sua memoria, e avente una potenzialità pari a centinaia di migliaia di terabit. Il nuovo file, inteso come vibrazione più alta, dapprima funziona, ma all'allentarsi della nuova vibrazione, è messo fuori uso e cancellato da quello più antico e potente che riprende il sopravvento. Sapevo che ciò può accadere solo perché si sceglie di sovrapporre un file nuovo e meno potente al vecchio file conosciuto dal cervello, perciò mi posi la domanda: quando e come la cosa può funzionare? Come fare a cambiare il file, o - se preferite - la vibrazione, e stabilizzare il nuovo modo di essere per il cervello?

Pensai a una struttura di base come, per esempio, le fondazioni di un vecchio edificio; per rafforzarle e migliorarle senza demolire la parte soprastante, non si sovrappone una nuova struttura, ma si crea una parte nuova e tecnologicamente migliore, che interagisca integrandosi con la vecchia, o, meglio, con le sue parti ancora efficienti e utili. Allo stesso modo, avrei dovuto interagire con il vecchio file contenuto nel mio cervello, togliendo, cioè, le parti divenute inutili per la mia vita e sostituendole con altre nuove create da me e, quindi, più adatte alla mia esistenza. Si può comprendere che ciò non è fattibile con i soliti metodi e quindi con le onde beta e alfa; dovevo lavorare con onde diverse, più lente, per entrare in profondità e andare a operare su programmi che, spesso, si trovano a livelli inconsci dell'essere.

4. Le onde "giuste".

Compresi che le onde migliori per ottenere il risultato erano le theta e le delta. Si è detto che, secondo gli studi scientifici, tali onde sono attive durante le fasi, rispettivamente, del sonno con sogni e del sonno profondo. Serviva avere la possibilità di utilizzare tali onde a livello conscio; questo era il vero strumento che cercavo.

Per quanto riguarda le onde theta, si è detto che, talvolta, sono state misurate anche in soggetti in stato di veglia in situazioni di grande creatività, e, perciò, immersi in una sorta di trance creativa. Come detto, nelle attività di veglia le onde theta sono il segno di una conoscenza intuitiva e di una capacità immaginativa radicata nel profondo. Genericamente sono associate alla creatività e alle attitudini artistiche. Naturalmente mi era capitato spesso di trovarmi in quella condizione: quando ero intenta a progettare, quando mi collegavo a quella che io definivo "l'altra realtà", quando scrivevo… Conoscevo bene, dunque, l'utilizzo consapevole delle onde theta, sia per esperienza personale sia per avere studiato il metodo codificato da una specifica disciplina negli ultimi anni. Tuttavia, comprendevo che per me stessa avevo bisogno di qualcosa di diverso, che andasse oltre a ciò che le onde theta mi consentivano. Esse, infatti, pur arrivando a interagire con il vecchio file, non sono sufficienti a sostituirne parti considerevoli, poiché per loro stessa natura si basano, per l'attività, sul mesencefalo, dove, si è detto, sono presenti le emozioni, ma anche le risposte automatiche ereditate o acquisite. Perciò è, per tali onde, impossibile esulare da alcune delle risposte automatiche poste in profondità, e i cambiamenti operati mediante esse sono relativi e mai assoluti. Attraverso le onde theta si possono operare cambiamenti nell'individuo, in rapporto alla "consuetudine" degli altri individui, dunque, relativi. Si può, per esempio, cambiare lo stato di malessere in condizione di benessere, ma poiché, verosimilmente, a causa della discordanza, l'individuo ha perduto l'immagine stessa di "benessere", le onde theta daranno un'idea di benessere secondo il pensiero comune, e, spesso, tale immagine relativa è facilmente rimossa perché riassorbita dal vecchio file. Con la mia esperienza, ho compreso che attraverso le onde theta non si ha la possibilità di accedere a quella che definisco la Vibrazione Personale di ogni individuo - della quale parlerò approfonditamente nei prossimi paragrafi - all'interno della quale è possibile trovare lo stato di benessere migliore in assoluto per quello specifico individuo. È possibile, dunque, dare solo un'immagine di benessere corrispondente a valori statistici. Se poi si ragiona su quanto appena detto, traslatandolo nell'ambito comportamentale delle persone, si avrà la proiezione d'immagini stereotipate - si pensi all'idea di bene, di gioia, di felicità… - basate su luoghi comuni e non su una personale consapevolezza. In questo modo, è come se si togliesse dall'individuo uno schema, per andare a sostituirlo con un altro fatto, comunque, di giudizi di valore che, secondo il mio modo di pensare, rende gli individui non più tali, ma sempre e comunque omologati, seppure nella felicità.

Per tutti questi motivi, il risultato raggiungibile con l'utilizzo di tali onde, pur sempre ottimo, considerato riguardo al punto di partenza, non era sufficiente per me che, ormai, ero entrata nell'ordine d'idee di trovare la soluzione definitiva e passare a fare altro.

Presi atto che, ciò che cercavo, non poteva che partire dalle onde delta. Di esse, per definizione si sa solo che sono prodotte nella zona dei lobi frontali detta Zona del Silenzio. Una zona ritenuta inaccessibile a livello conscio.

I miei due anni di sole ricerche, sono stati utilizzati per trovare il modo di avere l'accesso consapevole a esse per poterle utilizzare.

5. Le onde cerebrali profonde.

Non mi si chieda di dimostrare con esperimenti in laboratorio quanto di seguito dirò, perché non saprei farlo, tuttavia ciò che conosco - a seguito di svariate esperienze empiriche - è che, attraverso l'utilizzo di tali onde, è possibile cambiare profondamente la vita delle persone per tornare a vivere in perfetto equilibrio con l'Universo tutto, così com'è nella loro natura. Coloro che l'hanno sperimentato con me negli ultimi due anni possono confermarlo, poiché hanno visto la propria vita cambiare radicalmente. Hanno fatto la scelta della realtà quantica che desideravano vivere e sono nell'armonia del Tutto. Da esseri bisognosi di aiuto quali erano sono divenuti esseri in grado di aiutare, poiché hanno riacquisito la maestria della propria vita.

Per quanto mi riguarda cercherò solo di spiegare il funzionamento di tutto ciò che amo definire come un modo, tra i tanti possibili, per fare il salto quantico. Un *modo* per cambiare la propria realtà e seguire nuove possibilità quantiche di realizzazione della propria vita.

Parlerò della mia esperienza e del messaggio

ricevuto a proposito della "legge delle dimensioni", alla comprensione della quale, sono giunta grazie all'utilizzo della capacità innata di collegarmi con parti d'Universo in cui è possibile apprendere anche di discipline del tutto sconosciute. Oppure, se si preferisce vedere la cosa dal punto di vista biologico, alla comprensione della quale sono giunta riattivando le memorie presenti da sempre nelle mie cellule e sopite da millenni. Questo dimostra che quanto contenuto in quello che è stato in precedenza definito il file antico, è in parte ancora valido, in esso sono, infatti, contenute informazioni ancora oggi preziosissime per gli esseri umani, dipende solo dall'uso che essi ne fanno.

La Legge delle Dimensioni, si attua mediante l'utilizzo cosciente delle onde delta e serve a manifestare la propria realtà su tutti i Piani dimensionali di Esistenza - dei quali si tratterà in maniera esaustiva nel prossimo capitolo -.

Attraverso la Legge delle Dimensioni, e il conseguente utilizzo delle onde delta, noi possiamo creare la nostra realtà su ogni piano sia della nostra dimensione, sia di altre.

Ciò che io so è che mentre le onde theta, sono di propagazione mediata in risonanza con l'Universo, e quindi non agiscono immediatamente nella realtà in cui siamo immersi corporalmente e materialmente, le onde delta hanno una molteplice caratteristica, cioè sono sia di propagazione immediata in risonanza con l'Universo, per la nostra realtà materiale e corporale e per tutte le altre realtà in cui gli esseri umani esistono, sia di propagazione programmata in risonanza con l'Universo. Questo significa che attraverso esse si è in grado di interagire sia sul terzo Piano dimensionale di Esistenza, che è quello nel quale ora si trovano la Terra e gli esseri umani che la popolano, sia negli altri ventidue Piani dimensionali di Esistenza, nei quali ogni essere umano esiste pur non trovandosi materialmente in essi. Questo perché la Legge delle Dimensioni trascende le leggi del terzo Piano di Esistenza.

L'affermazione appena fatta ha implicazioni di notevole portata. Infatti, ragionando sui relativi corollari, tale Legge consente di accedere all'immortalità, all'immunità, all'infinità e all'immaterialità che sono proprie di altri Piani di Esistenza, come si vedrà in dettaglio nel prossimo capitolo. La Legge delle Dimensioni, era conosciuta in alcune delle sue parti anche dal Popolo Antico, in un tempo molto lontano dal nostro. Tuttavia, so che questa legge non è mai stata conosciuta, fino ad ora, nella sua totalità e sotto la forma appena descritta, sulla Terra. Infatti, quando il Popolo Antico operava con questa legge, doveva farlo su un altro Piano dimensionale. L'individuo cioè, si portava con il proprio essere su un altro Piano di Esistenza e da lì poteva utilizzare la legge. Un tale modo non ha mai consentito alla Terra di utilizzare per intero tutto il potenziale del delta. Ora, l'eventualità di utilizzare per intero questa legge nel nostro Piano dimensionale, ha un significato molto ampio, e le opportunità consentite dal suo utilizzo, sono facilmente intuibili. Per esempio, attraverso di essa è possibile accedere alle leggi riguardanti la convenzione sul tempo. In quanto convenzione, il tempo è un elemento strettamente legato al Piano dimensionale di Esistenza umano, quindi ininfluente sulla Legge in questione. Ne consegue che uno dei corollari propri alla Legge è l'immortalità del corpo, poiché le leggi cui fino ad ora esso è stato soggetto, sono legate alle convenzioni di tempo lineare che ne determinano il ciclo e quindi anche l'invecchiamento e la morte.

Inoltre, la Legge del Delta, dà accesso a un diverso utilizzo della materia, poiché anche questa è legata a una convenzione umana che è quella di spazio. In questo campo, già nel passato, vi sono testimonianze dell'utilizzo della materia in modo diverso, si pensi per esempio ad alcune arti marziali nelle quali è possibile camminare nell'aria seppure per un brevissimo intervallo, per non parlare di chi ha camminato sulle acque...

Modi diversi di utilizzare la materia, dunque, fino ad ora definiti miracolosi o quasi, mentre con la conoscenza della Legge delle Dimensioni, è possibile dar luogo alla smaterializzazione del corpo e di qualsiasi cosa presente nell'attuale Piano dimensionale e la materializzazione in un altro punto qualsiasi della Vibrazione Universale, (anche di questo si farà una spiegazione approfondita nel prossimo capitolo).

Trattandosi di un'informazione tanto importante, è stato naturale per me chiedere all'Universo la comprensione di quale sia il fine ultimo dell'utilizzo di questa Legge, e la risposta è stata tanto semplice quanto sorprendente: "Portare benessere al mondo".

La Legge del Delta

La Legge delle Dimensioni trascende, come detto, le altre Leggi della fisica presenti nel piano di esistenza corporale umano e quindi non sottostà a esse, perciò supera la legge di compensazione propria di questa dimensione e non altera gli equilibri della Terra quando è utilizzata. Ciò significa che non si creano problemi in alcuna parte del globo o di altre dimensioni. Essa ci è stata data per il maggior bene nostro e di tutto l'Universo. Anche se si è scettici su di essa, può essere utilizzata lo stesso, poiché è una Legge e funziona.

Per utilizzarla, è necessario sbloccare i lobi frontali, e poi liberare la così detta " Zona del Silenzio". Sbloccare questa Zona del cervello equivale a utilizzare a livello consapevole e in stato di veglia le onde delta che vi si formano.

Dopo aver fatto gli sblocchi, attraverso la pratica si arriva alla maestria nell'utilizzo consapevole delle onde delta e attraverso esse si passa alla fase attiva che consiste nella localizzazione, della "mappa" di tutti gli aspetti della propria vita. Questa serve a individuare con molta chiarezza dove come e quando far accadere le cose desiderate e utili a soddisfare i propri bisogni. Grazie alla conoscenza della mappa, si opera con molta facilità poiché si va a creare la realtà nel punto esatto della scia fotonica - corrispondente alla possibilità quantica che si sta vivendo - che più si desidera cambiare. Osservando da un altro punto di vista, si va a operare il salto quantico dirigendosi esattamente sulla scia fotonica che più interessa vivere come nuova possibilità.

Questo è stato il mio primo approccio a quella che ho definito la Legge del Delta. In seguito sono arrivata ad altre conclusioni e a nuova comprensione.

Quello che io so è che le delta sono onde molto lente, perciò ampie e profonde, hanno una vibrazione altissima, tale da permettere di interagire con tutto e da permettere di fare il salto quantico. La cosa più importante è che attraverso di esse si può accedere alla nostra stessa vibrazione massima, dunque, al 90 - 95% di Universo o, se vogliamo, di potenziale del cervello da noi inutilizzato, e averne l'immagine consapevole.

Questo fa sì che quando noi cambiamo la nostra vita, non immettiamo altre convinzioni o credenze mutuate dall'esterno, ma possiamo proiettare ciò che è il meglio in assoluto per noi. Significa che le onde delta danno, non più l'immagine relativa di una parte, ma l'immagine assoluta del Tutto.

Consentono, cioè, di accedere al tempo circolare dell'Universo, spostandoci dalla linearità temporale e dandoci la possibilità di compiere salti quantici continuamente.

Il delta dà l'accesso a quella che definisco la Vibrazione Personale, della quale ora dirò solo che è data da tutti gli incroci spazio temporali possibili per ogni individuo, riservandomi di spiegarla in dettaglio a breve.

Avete idea dell'enormità che questo comporta nella vita umana?

Significa che possiamo consapevolmente scegliere quale corso vogliamo seguire nella nostra vita, in ogni settore che ci riguarda, in ogni piccola sfaccettatura del quotidiano.

Dimostra che possiamo scegliere quale situazione vogliamo vivere dal punto di vista del benessere fisico, economico, emozionale, intellettuale, spirituale...

Innalzando le nostre vibrazioni abbiamo maggiori strumenti per creare la nostra realtà. Abbiamo, cioè, la possibilità di armonizzarci con il Tutto, con l'Universo, e di attingere da esso ciò di cui abbiamo bisogno, a qualsiasi livello.

Infine abbiamo la possibilità di scegliere in quale corsia continuare la nostra vita. È chiaro che per fare questo bisogna vibrare alla stessa velocità dei fotoni che compongono tale realtà. Perciò dico che per operare il cambiamento bisogna riuscire a vibrare in delta, la cui vibrazione è pari a quella della luce.

Inoltre, poiché ogni cosa che riguarda gli esseri umani appartiene a uno specifico "Piano di Esistenza", con le onde delta si può decidere cosa manifestare e dove. Mediante esse si ha accesso a tutti i Piani incondizionatamente e si può interagire con tutte le Energie. Questo, stabilisce un'ulteriore sottile, linea di demarcazione tra le onde theta e le delta nella creazione della propria realtà. Si è, infatti, detto che la differenza principale, consiste nel fatto che le onde theta sono onde di propagazione mediata in risonanza con l'Universo, mentre le onde delta sono onde di propagazione immediata e programmata in risonanza con l'Universo. Ora si può affermare che questo significa che le prime si propagano nell'Universo mediante un mezzo, qualcosa che le sostiene, mentre le onde delta si propagano comunque, a prescindere dal Tutto. Le theta si propagano nella materia, senza il cui substrato non potrebbero esistere, mentre le delta sussistono a prescindere da essa. Perciò questo è anche il motivo per cui le delta esistono su tutti i Piani dimensionali di Esistenza, mentre le theta esistono solo nei Piani in cui la vibrazione è più bassa.

E ancora, cosa significa che le onde delta sono onde di propagazione programmata in risonanza con l'Universo?

Significa che l'effetto richiesto alle onde, poiché si realizza nella realtà quantica in cui non vi è la convenzione spazio-tempo, si può programmare affinché si materializzi in un dato tempo e spazio, secondo le regole della realtà dimensionale in cui si trova adesso la Terra. La conseguenza immediata è che le onde delta, se usate consapevolmente, danno accesso a: immunità, immortalità, infinità, trascendenza delle leggi riguardanti le tre dimensioni, immaterialità....

L'unica legge concernente le onde delta è detta *"la Legge delle Dimensioni"* e, come già detto, non è stata mai conosciuta fino ad ora sotto questa forma sulla Terra.

Essa non sottostà a nessun principio della fisica, né turba ciò che vi sottostà, ma, semplicemente, è in grado di interfacciarsi con il Tutto cambiando solo ciò che occorre, senza effetti collaterali.

Essa semplicemente E'.

Tutto può essere fatto con essa e presto sarà accessibile a tutti. Nei capitoli successivi descriverò il metodo che ho definito e con il quale è possibile comprendere dove ci si trova in questo momento della vita, dove si vuole andare e, soprattutto, come fare a giungervi.

La successiva trattazione riguarderà i modi per giungere a tutto ciò e prepararsi a essere attivati in delta.

CAPITOLO II

IL TEMPO STORICO PRESENTE

Dopo aver visto i vari passaggi che hanno portato alla ricerca di un cammino nuovo per il cambiamento e il salto quantico, si parlerà dell'attinenza esistente tra la ricerca di un nuovo cammino di conoscenza e il tempo storico nel quale essa s'inserisce. Mettendo in luce in che cosa la realtà oggettiva del cammino sia "frutto del suo tempo", perché lo sia e quale possa essere il fine ultimo di tutto ciò.

Inoltre, ci si troverà dinanzi al grande quesito che ha tormentato ogni ricercatore umano in periodo storico: fino a dove è possibile spingersi nel cammino della Conoscenza? A quale punto è bene fermarsi? Qual è il limite proibito oltre il quale non bisogna spingersi?

Ci si renderà conto che la sensazione di "superamento di limiti e confini" è solo una memoria appresa, una convinzione, una credenza, perciò stesso artificiosa.

È la paura dell'uomo per la "dannazione eterna". Approfondendo tale paura ci si accorge che è proprio nel momento del dubbio, quando l'essere umano si giudica e si condanna per la propria tracotanza, che, davvero, potrebbe mostrare arroganza. Se esistesse un punto superando il quale si potrebbe commettere tracotanza, quello coinciderebbe proprio con il momento in cui l'essere umano interrompe il proprio cammino di conoscenza per paura di superarne i limiti.

Se gli esseri umani seguono un percorso nella propria evoluzione, significa che questo appartiene alle possibilità quantiche che a essi sono date. Perciò, quale che sia il percorso che si segue, nella realtà si sta solo procedendo lungo un sentiero già esistente nell'Universo e, come tale, accessibile agli esseri umani. E allora, qual è l'essere umano cui sia dato decidere per sé o per gli altri quando e come bisogna fermarsi nel fare la volontà dell'Universo? La vera tracotanza - se esistesse - consisterebbe nell'interrompere il cammino della Conoscenza.

1. Progetto-senso della ricerca.

Bisogna premettere che ogni cosa, qualsiasi essa sia, può esistere nell'Universo solo fino a quando ha un senso.

Una casa, una relazione, un'amicizia, un essere umano, una vita... tutto può esistere solo fino a quando ha senso che esista.

Il senso di una cosa è il motivo di esistenza che noi diamo a quella cosa.

Il senso nasce da un bisogno.

Nel particolare si può schematizzarne il funzionamento nel seguente modo: si avverte un bisogno, si fa un progetto, poi si crea qualcosa che abbia il senso di soddisfare quel determinato bisogno.

Un esempio pratico per spiegare il concetto, può essere il seguente: in una certa zona di una città si avverte il bisogno di un luogo di lettura e di cultura, di scambio d'idee etc., ciò indurrà a fare un progetto e a costruire un edificio idoneo, che dia la risposta al bisogno, per esempio una biblioteca. Il senso di esistenza di quella biblioteca sarà quindi di soddisfare quel determinato bisogno da cui è scaturito il suo progetto.

Poi un giorno, passando nella stessa zona della città, si vedrà quella biblioteca trasformata in un palazzo residenziale. Significa che per quella zona della città, la struttura biblioteca ha terminato il suo progetto-senso che era quello di luogo di studio, di cultura, di raggruppamento... e ne ha assunto un altro, un ruolo di abitazione che concerne un nuovo bisogno della popolazione ivi insediata.

Poiché questo concetto è valido per ogni cosa creata, anche lo studio e la metodologia che andrò di seguito a esporre ha un suo determinato e preciso motivo di esistere proprio ora nell'Universo.

Nei miei studi mi sono occupata di cercare ed essere consapevole di quanto accade nel tempo storico presente per intuire a quali possibilità quantiche di evoluzione può portare - sia in un immediato futuro sia in uno più lontano - ciò che gli esseri umani stanno vivendo ora.

Ho così compreso che vi è una particolare possibilità quantica che dà a ogni essere umano la capacità di evolvere per se stesso, secondo i propri bisogni biologici, e contemporaneamente - proprio nel fare questo - di far evolvere anche coloro che lo circondano.

Tutto ciò mi è apparso molto valido, tanto da indurmi a creare questo metodo che nasce come un potente strumento per evolvere e far progredire secondo quella possibilità quantica.

Poiché so che quanto più avanti si proietta nel tempo l'obiettivo da raggiungere con ciò che è stato creato, tanto più a lungo l'oggetto della creazione dovrà durare -perciò tanto più a lungo avrà senso di esistere- ho concepito questo strumento in modo tale da dargli la massima adattabilità, libero da schemi e convenzioni, e, perciò stesso, in continua evoluzione.

In sintesi posso affermare che il progetto-senso che ho dato a questa parte del mio percorso è aiutare le persone a fare il proprio salto quantico nell'ambito delle possibilità che l'Universo mette loro a disposizione per evolvere, affinché, a loro volta, contribuiscano a far evolvere.

Ho scelto di applicare il mio metodo a questa precisa possibilità quantica, perché, facendo parte del tempo lineare, so per certo che, nel tempo storico in cui ora viviamo, qualcosa di molto importante e molto bello sta accadendo al nostro pianeta.

È arrivato il momento di compiere un passaggio storico che porterà a una grande evoluzione del genere umano, e ognuno di noi può contribuire.

Non si è soli ma così come per ogni cosa che accade nel nostro Universo, tutto è già stato predisposto al meglio per noi.

Per questo motivo già da diversi anni vi sono studiosi che stanno lavorando, in diverse parti del mondo. Attraverso studi, ricerche e teorie, stanno indicando alle moltitudini la via da seguire affinché ogni cosa avvenga nel migliore dei modi.

Il compito di questi individui illuminati è quello di dare consapevolezza al maggior numero possibile di persone per aiutarle in quello che è definito il "passaggio".

Molti hanno studiato i testi antichi di varie culture in cui sono date indicazioni su ciò che avverrà in questa epoca, e li stanno divulgando con un grande e importante lavoro in tutto il mondo. Altri hanno scelto di aiutare nel passaggio attraverso l'utilizzo di capacità insite nella natura umana ma dimenticate da millenni. Diversi hanno studiato e affinato tecniche per riequilibrare mente e corpo nelle persone.

Alcuni fanno questo da un punto di vista spirituale, altri da un punto di vista corporale.

Non ha importanza quale sia il modo di lavoro scelto, la cosa importante è che tutti stanno lavorando per aiutare il mondo in questo suo importante passaggio.

Ogni tecnica, ogni tipo d'insegnamento, è ugualmente importante ed è sviluppato a un grado di profondità diverso, poiché questa è la necessità del mondo, ora.

Non tutti hanno lo stesso grado di preparazione e di percezione, perciò vi è una disciplina adatta per ognuno.

Così ognuno seguirà - per evolvere - il modo che sente più vicino a sé; seguirà il cammino attraverso i propri tempi e possibilità.

Personalmente, conosco solo in parte ciò che accadrà nel mondo dopo il passaggio, ma so con certezza che se si sarà data alle persone la massima adattabilità, esse saranno preparate a vivere bene qualsiasi cambiamento.

Questo è il cammino di evoluzione che io ho scelto di praticare: aiutare le persone a vivere bene la propria vita attuale e prepararle a vivere bene qualsiasi situazione futura.

Per vivere bene la vita attuale, bisogna cominciare con il prendere consapevolezza di ciò che sta accadendo in questo momento sulla Terra e tutto intorno a noi.

2. Vecchia e nuova griglia.

Già da circa vent'anni i geologi e gli scienziati di altre discipline, hanno compreso, attraverso i loro studi e gli strumenti di misurazione, che la rotazione della terra intorno al proprio asse sta rallentando (questo implica un cambiamento nel magnetismo della Terra stessa), e contemporaneamente sta aumentando la frequenza, in altre parole quello che è chiamato il "battito" o la "pulsazione" della Terra.

Secondo gli studi condotti e quelli ancora in corso, s'ipotizza che il fenomeno in atto porterà a un momento in cui la rotazione raggiungerà il suo punto minimo e la pulsazione raggiungerà il punto massimo.

Il punto d'intersezione di queste due linee di tendenza, su un ipotetico grafico, è chiamato punto zero.

Nel momento in cui la Terra raggiungerà il punto zero, ci saranno dei cambiamenti molto importanti, il più evidente dei quali sarà, probabilmente, l'inversione della rotazione della Terra sul proprio asse.

Si raggiungerà, ancora una volta, quel momento

che già nei testi antichi è descritto come "il giorno in cui il sole sorse due volte".

Secondo gli studiosi del settore, questo momento si è già verificato varie volte da che esiste l'Universo. Sembra che l'ultima volta sia stato solo tremila e cinquecento anni fa, circa, e ci sono varie testimonianze storiche che lo confermano. Perciò, quanto sta per accadere, o meglio è già in atto, è qualcosa che è già accaduto altre volte nella storia della Terra, quindi in tutto questo non vi è niente di catastrofico. Ciò che sta accadendo già da alcuni decenni è, semplicemente, un allentamento della "griglia" elettromagnetica che avvolge la Terra.

La produzione di un campo di energia elettromagnetica è dovuta alla vibrazione della Terra stessa ovvero alla sua vitalità. Infatti, ogni essere vivente produce un campo di energia elettromagnetica, misurabile, intorno al proprio corpo. Il campo energetico della Terra è tenuto coeso - come una griglia immaginaria a trama molto stretta - dalla sua velocità di rotazione intorno al proprio asse. Negli ultimi decenni, il rallentamento della rotazione, ha dato luogo alla diminuzione della coesione tra le maglie della griglia elettromagnetica, permettendo il passaggio di un maggior flusso d'informazioni tra la Terra e la restante parte dell'Universo.

Proprio come in una griglia immaginaria le maglie si sono allargate e continuano a distanziarsi, consentendo agli esseri umani l'acquisizione d'informazioni che per millenni sono state loro precluse.

Tali informazioni risiedono da sempre nel loro DNA, ma sono rimaste dormienti a lungo, perché così era necessario. In questo momento storico, grazie anche alle congiunture di tipo geologico e astronomico, è dato accedere a tutto ciò che l'essere umano è.

Questo è il tempo del risveglio di ciò che, fino ad ora, è rimasto sopito. L'accesso rimarrà "aperto" fino a quando la Terra non invertirà il senso di rotazione, acquisendo maggiore velocità e costituendo così una nuova griglia. Se si lavorerà bene, la nuova griglia conterrà informazioni di gioia, bellezza, armonia, amore e vita all'Infinito.

Questo è ciò che definisco passaggio dalla vecchia alla nuova griglia. Quanto di brutto o terribile ci può essere in tutto questo? Ci saranno semplicemente dei cambiamenti cui gli esseri umani si dovranno adattare, ma ogni cosa è già predisposta affinché tutto accada nel migliore dei modi possibili. Per esempio, tra le persone nate negli ultimi venti anni, si è notato che una percentuale sempre maggiore di esse presenta "particolarità" di tipo biologico, quali l'essere dei così detti "cervelli doppi". Questa definizione indica persone in cui le connessioni cerebrali tra i due emisferi del cervello sono, statisticamente, molto superiori a quelle generalmente presenti nella maggior parte della popolazione. Una particolarità che fa di tali individui, persone dotate della capacità di fare, almeno, due cose contemporaneamente, quindi di impiegare solo la metà del tempo per svolgere compiti particolarmente complessi, di avere la massima concentrazione, di collegarsi con parti più ampie dell'Universo rispetto a quelle strettamente materiali, di guarire se stessi con facilità, di non avere mai patologie importanti, e altro ancora. Tutto questo perché in essi è continuamente attiva la facoltà di utilizzo contemporaneo dei due emisferi cerebrali. Tali individui si adattano, quindi, immediatamente a qualsiasi eventualità. Ovviamente quello appena descritto è un soggetto dal cervello doppio in pieno equilibrio con se stesso e, quindi, fuori da discordanze.

La percentuale di persone aventi questa specifica caratteristica, definita e studiata già da qualche tempo dalla psicobiologia, sembra essere passata negli ultimi venti anni dal 3% al 5% della popolazione mondiale. Allo stesso modo, gli studiosi del settore, hanno notato l'aumento della percentuale di persone che presentano caratteristiche diverse, dal punto di vista delle capacità che potremmo definire "spirituali"; in grado di attivare, cioè, spontaneamente, potenzialità di autoguarigione, o avere capacità di chiaroveggenza o di chiarudienza...Questa seconda tipologia di persone, è stata indicata nel tempo come *bambini indaco, bambini arcobaleno, bambini cristallo*... Personalmente amo definirle semplicemente "cristalli", poiché a oggi esse hanno la stessa trasparenza e fragilità del cristallo.

Sono fermamente convinta che tutte queste persone nascano già predisposte all'evoluzione e al passaggio cui il mondo si sta preparando. In particolar modo sono certa che la prima tipologia - i cervelli doppi - assommi in sé chi è in grado di passare l'informazione biologica dell'adattabilità massima. Tali individui, infatti, nascono già predisposti a che l'adattabilità e la duttilità in ogni campo e in ogni situazione, sia la loro caratteristica fondamentale. Anche volendo, non potrebbero vivere diversamente.

Ciò che so è che, a seguito del passaggio, nella Terra vi sarà un diverso modo di percepire e concepire il tempo e lo spazio, e questo, i cervelli doppi, per loro struttura biologica, lo sanno fare in ogni settore della propria vita. Essi sono già predisposti, naturalmente, alla vita nel tempo circolare (si approfondirà il concetto nel paragrafo successivo).

Anche i "cristalli, " hanno la capacità innata di vivere nel tempo circolare, ma limitatamente al "dono" che li caratterizza.

Questo fa sì che i "cristalli" siano particolarmente fragili. Essi, infatti, presentano delle problematicità a vivere nella scansione del tempo lineare, poiché nascono biologicamente predisposti a vivere nel tempo circolare, ma mancanti dell'adattabilità massima tipica dei "cervelli doppi"; caratteristica, questa, che consentirebbe loro di vivere bene in entrambe le situazioni.

Infatti, mentre i cervelli doppi sono nati, per essere perfettamente adatti a vivere nel momento del passaggio dalla vecchia alla nuova griglia spazio temporale, e riescono quindi a vivere bene sia nel tempo lineare sia nella multi dimensione - dunque nel tempo circolare- i cristalli, invece, sono nati per vivere nella nuova griglia spazio temporale, in cui vi è già la multidimensionalità e non esiste più la sequenzialità.

Con queste caratteristiche, essi vivono, nella vita quotidiana dell'attuale tempo di transizione, una discrasia tra ciò che il mondo, con i suoi ritmi e cadenze, richiede loro, e l'innata tempistica interiore. Tale discrasia li porta spesso ad avere dei comportamenti ritenuti asociali dalla maggior parte delle persone. In particolar modo questo accade per i bambini cristallo in luoghi istituzionalizzati, quali per esempio la scuola. Da quanto detto, è facile comprendere che l'obiettivo finale per ottenere il massimo adattamento ed evitare situazioni di persone che sono definite in bilico tra due realtà, è insegnare, a chi è nato biologicamente non predisposto, a essere in equilibrio.

Questo è realizzabile. È possibile insegnare alle persone a vivere in entrambe le griglie, secondo la necessità, e a gestire la propria natura nel modo migliore per se stessi e per gli altri.

Si tratterà fondamentalmente di aiutare il maggior numero di persone nate già "predisposte", ad attivare le doti innate. Un risultato facile da ottenere, compiendo dei passaggi:

• Riportando l'equilibrio in ogni settore della propria vita. Tale risultato, è raggiunto cambiando l'immagine stereotipata che la persona ha di sé, con l'immagine propria migliore in assoluto, presa direttamente dalla Vibrazione Personale. Per esempio, nel caso dei "cristalli", si tratterebbe di insegnare loro a essere in equilibrio con se stessi conformemente ai propri bisogni innati, che sono cioè di struttura.

- Riattivando le memorie cellulari dormienti, che consentono a ognuno di utilizzare tutte le potenzialità insite nel proprio patrimonio genetico.

- Indicando alle persone il modo per ottenere la massima elasticità e la capacità di utilizzo di tutti gli strumenti possibili che l'Universo mette a loro disposizione.

- Insegnando la meditazione in delta, con cui compiere, da sole, tutti i passaggi desiderati, fino all'infinito.

Il Delta
La Legge delle Dimensioni

CAPITOLO III

ALTRE DIMENSIONI

Una volta compreso il funzionamento delle onde cerebrali, le differenze tra di esse, le prerogative proprie di ciascun tipo di onda, la possibilità quantica scelta e il senso della presente trattazione, è necessario sviluppare argomenti particolari cui si fa spesso riferimento nel corso dell'esposizione.

A tale fine in questo capitolo, s'introdurranno concetti quali: tempo circolare e lineare, trama antica, multidimensionalità, Piani dimensionali di Esistenza, immagine, Vibrazione Personale, Vibrazione Universale…

La trattazione degli argomenti, avverrà in maniera sommaria, e solo per la parte utile a comprendere l'argomento principale dello scritto che è volto, fondamentalmente, a manifestare l'utilità della Legge delle Dimensioni, e a inquadrarla all'interno del tempo storico, della letteratura e dell'ambiente sociale presente, per osservarne potenzialità e interattività.

Per quanto riguarda la trattazione più approfondita, si rimanda ad altri scritti dell'autrice.

1. Tempo lineare e circolare

La definizione non è in sé corretta, poiché sarebbe meglio dire tempo lineare e assenza di tempo. Tuttavia il concetto di tempo circolare è più comprensibile, per la mente umana, perciò si parlerà di questo nella distinzione tra l'ora e il poi.

Come già accennato nell'introdurre i concetti di "vecchia griglia" e "nuova griglia", la Terra si sta preparando al Passaggio dimensionale che la porterà dalla terza dimensione (spaziale) alla multidimensionalità. Significa che passerà dalla dimensione spazio temporale conosciuta negli ultimi millenni, a una situazione di assenza temporale e conseguentemente spaziale, o (che è la stessa cosa) alla situazione di Infinito tempo e Infinito spazio. L'espansione della consapevolezza umana passerà, dunque, necessariamente, attraverso la "modulazione del cervello al concetto di Infinito".

Si tratta di portare al cervello l'informazione di "Infinito", completa in ogni sua parte. Tale necessità è dovuta al fatto che nella nuova realtà quantica, bisognerà essere in grado di concepire: Infinito luogo, Infinito spazio,

Infinito cambiamento, infiniti mondi, infinite interazioni... concepire insomma la vita nel mondo all'Infinito.

In questo momento, nel cervello umano "Infinito" esiste solo come idea, e, poiché è assente a livello concettuale, si scontrano in esso concetti finiti che richiamano immagini di noia e inutilità di vita infinita. Ciò accade perché la vita protratta all'Infinito è, ora, percepita come ripetitiva e quindi inutile. Con l'introduzione del concetto di Infinito, e, soprattutto, con la consapevolezza di tale conoscenza (data dall'introduzione della relativa immagine nel cervello) è possibile allargare i propri orizzonti e cominciare ad abbandonare l'immagine di finito che ha permeato fino ad ora la vita umana sulla Terra, dando luogo a dualità e contrapposizione.

Fino ad ora, il cervello umano ha solo pensato all'Infinito, l'ha cioè posseduto come pensiero, ma non l'ha mai portato nel mesencefalo e nel tronco encefalico per farlo diventare parte di sé. La mancanza dell'immagine di Infinito nel cervello umano è dovuta alla presenza dell'immagine - acquisita e non innata - di tempo lineare. E' la linearità del tempo che porta in se l'implicazione di finito.

Il tempo lineare corrisponde, infatti, all'immagine di una linea che ha un punto di origine e uno di arrivo e che esiste grazie a una sequenza di punti dalla cui unione la linea stessa trae origine.

Perciò la linea temporale contiene in sé l'idea di avanzamento e consequenzialità. In essa tutto ciò che esiste, si sussegue a passo a passo e ha necessariamente un inizio, un'evoluzione e una fine. Ogni cosa che caratterizza la vita degli esseri umani sulla Terra, ha avuto negli ultimi millenni questo genere di concatenazione. Così, in conformità a questa convenzione, gli esseri umani nascono, crescono, invecchiano e poi muoiono, secondo una sequenza fissa d'interdipendenza di punti, secondo, cioè, una sequenza di tipo lineare. Allo stesso modo, le cose, le situazioni, gli animali, e tutto quanto appartiene allo stesso piano di esistenza umano seguono la linearità temporale. Per questo motivo, ogni volta che ci si rivolge al cervello umano, bisogna seguire la stessa linearità e procedere a passo a passo. Per avere un esempio pratico di quanto si sta asserendo, basta osservare il presente scritto. In esso è di fondamentale importanza mettere una parola "dietro" l'altra, costruire le frasi in modo che da un concetto si passi all'altro in modo lineare; poi da un argomento a quello successivo... in sequenza progressiva, affinché la struttura finale ottenuta sia un libro con un inizio e una fine che può essere ritenuto in sé "finito". Il cervello umano è abituato a fare questo, tanto che nel momento stesso in cui concepisce l'idea di creare qualsiasi cosa, stabilisce a priori che avrà un inizio, uno sviluppo e una fine.

Questo è quanto accade sempre e si comprenderà meglio nel paragrafo dedicato alla spiegazione del "progetto-senso" in cui s'indica nella perdita del senso originario la fine di qualsiasi cosa. È facile comprendere che il motivo per cui ciò può accadere è l'esistenza del concetto di tempo lineare.

La linearità temporale è, dunque, ciò che ha condizionato il modo di svolgimento della vita sulla Terra negli ultimi millenni. Nell'immediato futuro, però, a seguito del passaggio alla nuova griglia, quindi alla multidimensionalità, il concetto di tempo lineare perderà il suo senso di esistere, e gli esseri umani dovranno imparare a vivere nel "tempo circolare".

Ciò che s'intende con la definizione "circolare", è contemporaneità del tutto.

Tutto avverrà contemporaneamente, e la necessità della sequenzialità verrà meno. L'essere umano utilizzerà appieno tutte le sue potenzialità e potrà, per esempio, comprendere interi discorsi contemporaneamente, senza doverne ascoltare la sequenza di parole, scandite una per una.

In una dimensione in cui ogni cosa accade contemporaneamente e tutto è nell'Infinito presente, l'essere umano adatterà la sua percezione al fine di essere nell'infinita contemporaneità. È già capace di fare questo. L'Universo, Infinito, incommensurabile e sorprendente, ha badato a dotare gli esseri umani della capacità di apprendimento e comprensione nel tempo circolare. In ogni persona vi è, infatti, la capacità innata di comprendere la musica e l'arte. Si tratta di due discipline che esistono solo nel tempo circolare, e che, uomini ritenuti straordinari - musicisti e grandi artisti di tutti i tempi- sono riusciti a comprendere e portare nel tempo lineare. Così accade con la musica - tanto più apprezzata dal cervello umano quanto più ricca di note e di strumenti che suonano contemporaneamente- con l'arte, -per esempio quella pittorica in cui la presenza d'infiniti colori mescolati e amalgamati in modo armonioso colpisce l'immaginario umano creando emozione - con la poesia, - in cui la musicalità dei versi incanta l'animo dell'ascoltatore anche quando non seguono una sequenza logica o quando si chiudono ermeticamente nella contrazione della frase, che perde il soggetto o il verbo nella più totale anarchia dalle regole della grammatica- con la letteratura, e con ogni cosa sia definita arte. Il cervello umano è in grado di comprenderla a livello profondo.

L'artista -essere privilegiato in stretta connessione con la conoscenza universale - coglie l'armonia infinita nel tempo circolare portandola - con capacità innata - nel tempo lineare, in cui chiunque è in grado di comprenderla.

Gli esseri umani tutti, nascono dunque già predisposti alla vita nel tempo circolare, da sempre.

In questo momento di passaggio di griglia, si è visto, tuttavia, che alcuni nascono già completamente predisposti alla vita nella multidimensionalità e non sono in grado di mediare tra tempo lineare e circolare. Spesso anche i grandi artisti non riescono a vivere nel mondo lineare al di fuori della propria arte. Si potrebbe dire che queste persone, vivono perennemente in una dimensione musicale, che per quanto armoniosa e appagante, si scontra con la realtà circostante, ancora immersa nella linearità temporale.

Ecco che allora è indispensabile accettare innanzitutto la vecchia struttura - legata ai concetti di finito, sequenza lineare, tempo e spazio -che ancora permane nella realtà umana. Solo dopo aver riconosciuto e accettato la vecchia struttura, si può integrare, insegnando, a chi è nel tempo lineare, a vivere anche nel tempo circolare, e insegnando ai "cristalli" a vivere bene anche nel tempo lineare. Il risultato può essere ottenuto attivando, in particolare nei primi, le memorie che permettono loro di percepire la circolarità attraverso la musica e l'arte; per la seconda tipologia sarà necessario interagire con le memorie genetiche ereditate dai propri progenitori, che hanno vissuto nel tempo lineare. Semplicemente con l'attivazione delle memorie, si fa sì che tutti compiano il passaggio di griglia senza trauma né disadattamento, e siano in grado di gestire qualsiasi situazione si possa presentare sulla Terra, a seguito del passaggio alla multidimensionalità.

La trama antica.

2○ La "trama antica" corrisponde a quella che fino a ora è stata definita anche la "vecchia griglia".

Si tratta della vecchia Vibrazione appartenente a ogni persona e strettamente interconnessa con la Terra. Si è detto che, a causa del rallentamento della rotazione terrestre intorno al proprio asse, la griglia di energia elettromagnetica prodotta dal nostro pianeta e da tutti gli esseri viventi in esso presenti, si sta aprendo, poiché la velocità di rotazione non è più tale da tenerla coesa con la stessa precedente forza.

Si è già detto che, almeno una delle parti della vecchia griglia elettromagnetica, il trascorrere del tempo, si sta impercettibilmente modificando, proprio a causa della mancanza di coesione. Questi elementi di cambiamento stanno cambiando anche i sentimenti delle persone, e soprattutto i modi di espressione dei sentimenti stessi, poiché questi altro non sono che energia elettromagnetica prodotta da scambi chimici interni alle cellule umane. Da tutto ciò è facile dedurre che il cambiamento dei sentimenti e quindi degli scambi chimici, sta cambiando il DNA umano.

Attraverso il percorso di consapevolezza delta, si può velocizzare - a livello personale - questo "processo" naturale giungendo a cambiare, consapevolmente, la vibrazione elettromagnetica, e la propria realtà.

Significa cambiare il proprio DNA e la propria materialità.

Per tutti gli esseri umani, questo è il tempo di liberarsi completamente e chiudere le sequenze emozionali lasciate aperte nella "vecchia griglia".

Passando alla vibrazione consentita dall'utilizzo della Legge del Delta, si cambia anche la chimica interna all'individuo, e quindi la sua vibrazione elettromagnetica. Questo tipo di cambiamenti, lo porta, naturalmente, a distaccarsi dalla trama antica, quanto basta per vederla a occhio nudo. Una volta innalzate le proprie vibrazioni, si è in grado di guardare nello spazio innanzi a sé, e vedere la "trama antica" come l'ingrandimento al microscopio di corpuscoli vivi e in movimento, sospesi nell'aria. Appaiono molto distanziati tra di loro e posti proprio come se fossero i residui di una linea che creava originariamente una griglia molto ampia. In un percorso di consapevolezza per abbandonare definitivamente la vecchia griglia, in altre parole comportamenti e abitudini obsoleti, in somma la vecchia vita, bisogna liberarsi di tali residui.

Quando la vecchia griglia sarà rimossa, il salto quantico sarà compiuto e si entrerà nella nuova realtà creata; essa non s'interromperà né potrà essere bloccata, qualsiasi cosa si faccia da quel momento in poi.

L'Universo.

3. A questo punto è necessario comprendere quale sia la struttura dell'Universo in cui si trovano gli esseri umani.

Nello studio della fisica, già agli inizi del secolo scorso, si è fatta strada una teoria, detta teoria delle stringhe.

Essa scaturiva dalla necessità di combinare i principi della Meccanica quantistica con quelli detti della Relatività Speciale.

A un certo punto della ricerca concernente la descrizione dei così detti "processi d'urto" tra le particelle di materia (che hanno un ruolo fondamentale, sia dal punto di vista sperimentale sia teorico, nella fisica delle particelle elementari, e sono lo strumento primario per lo studio delle interazioni tra esse), la Meccanica Quantistica introduce elementi nuovi. Essa riconosce ai due tipi di particelle, dette rispettivamente fermioni e bosoni, proprietà ondulatorie oltre che corpuscolari. In modo molto sintetico, si può dire che questo sia il motivo principale per cui dalla fine degli anni '20 del secolo scorso, si `e posto con crescente insistenza il problema di combinare in modo sistematico questi nuovi principi con la Relatività Speciale di Einstein.

In tale proposito, riesce la Teoria Quantistica dei Campi, che realizza la dualità onda-particella associando le particelle a *quanti di energia* di corrispondenti campi d'onda; per esempio, ai fotoni sono associati i quanti del campo elettromagnetico. In tal modo, si rende evidente l'assoluta identità di tutte le particelle di uno stesso tipo.

Esperimenti successivi hanno mostrato che le poche particelle che compongono la materia - elettroni, protoni e neutroni - sono accompagnate da tantissime altre particelle, la maggior parte delle quali instabili. Dagli anni '30 si è quindi cercato a più riprese di giungere a una teoria di *tutte* le particelle elementari.

In tale ricerca, s'inserisce quella che è definita Teoria delle stringhe. Questa, sembra essere il trait d'union che gli scienziati cercano, ma richiede, per la sua consistenza, ben *venticinque dimensioni spaziali*, in luogo delle tre dell'esperienza quotidiana.

Nell'interpretare la Teoria delle Stringhe come base per l'unificazione della gravità con le altre interazioni fondamentali, fu necessario, dunque, collegarla alla percezione umana di un Universo con tre dimensioni spaziali. Attraverso verifiche successive, si determinò che l'universo potrebbe contenere alcune dimensioni che si sono cristallizzate su scale microscopiche nei primi istanti dell'espansione cosmologica, ma, sia la Relatività Generale sia la Teoria delle Stringhe, non sono apparentemente in grado di fornire ragioni sul perché questo sia avvenuto. Ora, la ricerca scientifica in questo campo, si orienta proprio verso la miglior comprensione dell'effettiva esistenza nell'Universo di altre dimensioni e del perché si siano cristallizzate su scale microscopiche.

Personalmente, non avendo una specifica formazione scientifica, non vedo alcuna difficoltà ad ammettere l'esistenza di altri ventidue Piani dimensionali, diversi da quelli da conosciuti attraverso la corporalità. Perciò proprio quelli che sono i motivi ostativi, per gli scienziati, all'applicazione della Teoria delle Stringhe: la coesistenza di venticinque dimensioni spaziali e la diversa vibrazione di materia che rende instabili infinite molecole diverse dalle tre che compongono la materia, rappresentano, per me, la realtà.

Lasciando agli scienziati la scoperta delle ragioni per cui altre dimensioni, oltre a quelle conosciute, siano contenute nell'Universo, preferisco volgere l'attenzione alla ricerca delle potenzialità e modi di utilizzo, ai fini della vita pratica degli esseri umani, di tutti i Piani dimensionali di Esistenza.

Dal cammino di conoscenza percorso fino a ora mi viene, infatti, la certezza che esistano nel nostro Universo almeno venti dimensioni spaziali o Piani dimensionali di Esistenza. Si tratta di venti diversi Piani in cui ogni cosa, ogni essere, esiste secondo un modo diverso. Perciò, se per esempio nei tre Piani dimensionali comunemente conosciuti, un essere umano esiste a livello Corporale, Sessuale, Intellettuale ed Emozionale, su altri Piani dimensionali, esso esisterà a livello Spirituale-Emozionale, o Spirituale-Intellettuale etc. Cosa certa è che l'essere umano esiste a livello di onde delta in tutti i Piani dimensionali, nessuno escluso.

Per ciò tali Piani possono essere detti Piani dimensionali di Esistenza.

A grandi linee, l'Universo sul quale ci troviamo, è formato da venti Piani di Esistenza, di cui solo tre inseriti all'interno della convenzione spazio - tempo e percepibili attraverso i cinque sensi (con l'utilizzo delle onde cerebrali beta e alfa) mentre altri diciassette sono percepibili e raggiungibili attraverso le onde cerebrali più profonde, e specificamente, fino al settimo Piano dimensionale di Esistenza, attraverso le onde theta, invece dall'ottavo al ventesimo, attraverso le onde delta.

Il passaggio della parte "materiale" dei primi

tre piani di esistenza, dalla tridimensionalità alla multidimensionalità implica, quindi, un aumento di vibrazione della materia, che porterà, in particolar modo il terzo Piano di Esistenza, a evolvere verso gli altri Piani dimensionali, senza che si debba abbandonare il corpo fisico.

La Terra si porterà, dunque, alla vibrazione massima in cui si trovano tutti gli altri Piani, passando così alla vita nella multidimensionalità.

In questa, saranno tangibili tutte le dimensioni contemporaneamente, e ogni essere sarà percepito e percepirà istantaneamente il Tutto.

Il Tutto è composto d'infiniti Universi, che, secondo il grado di evoluzione raggiunto, sono suddivisi in un numero sempre minore di Piani dimensionali.

Poiché Tutto è Uno, oltre al nostro Universo anche gli altri Universi sono interessati dal passaggio di dimensione terrestre.

4. L'Universo e i Piani dimensionali di Esistenza

È bene precisare che, quando si parla delle dimensioni e dei Piani dimensionali, indicandoli con numeri progressivi diversi dal terzo, si vuole dare al cervello un'idea di evoluzione, avanzamento e cambiamento. Il cervello, infatti, attraverso i numeri, scandisce un ritmo di tipo lineare, tuttavia è chiaro che una volta abbandonato, il tempo lineare proprio del terzo Piano di Esistenza, si è, automaticamente, nella multidimensionalità, perciò dire quinto o ventesimo, nella realtà non ha più senso. Si mantiene, quindi, la distinzione numerica, solo per facilitare la comprensione e distinguere le prerogative specifiche dei diversi Piani.

Di seguito una sintesi delle caratteristiche principali dei vari Piani dimensionali di Esistenza:

VII Piano dimensionale: qui è possibile provare una consapevolezza immediata del Tutto. Un tale stato, consente la creazione istantanea della realtà nel piano di esistenza corporale o tridimensionale che dir si voglia. Tutto ciò che di cambiamento si vuole attuare nella propria vita, potrà essere creato nel settimo Piano di Esistenza. In questa dimensione si ha la potenzialità di equilibratura a livello corporale e materiale, per sé e per gli altri. Tuttavia essa è legata e conformata alle leggi di spazio e tempo della dimensione umana, perciò l'interazione si manifesta secondo tempi e modi preconcetti nella mente della persona.

VIII Piano dimensionale di Esistenza: in esso è possibile creare guarigione a tutti i livelli dell'Essere, per sempre. È dato dalla forza della debolezza, che è energia infinita in movimento. Rappresenta quello che nei secoli è stato definito il femminino sacro, il vuoto fatto e inteso nella sua energia in movimento. L'Energia dell'VIII è visibile come infiniti punti di luce dati da piccole sfere e costituenti l'elemento aggregante dei corpi energetici di tutti gli Esseri.

IX Piano di Esistenza: in esso è possibile provare l'infinita percezione dell'Essere divino che è consapevolezza del Tutto.

X Piano di Esistenza: rappresenta l'annullamento del Tutto nella forma divina. In esso è visibile la forma di ogni cosa o essere, corrispondente invariabilmente a energia pura, luminosa e priva di qualsiasi aggregazione.

XI Piano di Esistenza: qui si attua la rigenerazione infinita e continua della Luce, dunque dell'Energia.

XII Piano di Esistenza: si tratta della porta per accedere a essere tutto ciò che E'. Prima di varcare la Porta Sacra, si può operare al livello massimo di Energia di trasformazione, avendo ancora consapevolezza del Piano di Esistenza tridimensionale. Una volta varcata la Porta, ci s'immerge nel Mondo dell'Anima, in cui si è l'essenza stessa della cosa su cui si sta operando ed essa è consapevole solo di se stessa, nient'altro le importa.

Varcando la Porta Sacra del XII Piano di Esistenza, si approda, dunque, nel luogo dell'Anima in cui si comprende che la propria anima è anche Anima Mundi, ed essa ha una sua diversa conoscenza. La sua conoscenza è essere Tutto, ogni cosa, ogni creatura, ogni atomo; sentirsi quella cosa con consapevolezza di sé, infine mutandosi in quella cosa. Non è lo stesso che sentirsi parte del tutto, ma è essere ogni singola cosa, perché ognuno è Tutto. Tuttavia nel momento che si è qualcosa di specifico, si perde la percezione "esterna", perciò è meglio lavorare sulla soglia, in altre parole nel XII Piano dimensionale di Esistenza, in cui si mantiene anche la percezione della realtà come esterna a sé, e consente di operare l'equilibratura mediante la consapevolezza di Tutto e la massima forma di adattamento. Alcune volte è necessario recarsi nel Mondo dell'Anima, per conoscere a fondo cosa prova una cellula o una determinata parte del corpo, e per chiedere come lei vuole essere riarmonizzata…

Il XIII Piano dimensionale di Esistenza è costituito, dunque, dall'Anima Mundi, in molte tradizioni detta Akasha. Qui si può sentire l'Anima del Mondo che parla. Essa è sapiente, conosce tutto ciò che è, è stato e sarà di Tutto e Tutti. Qui è possibile operare con ogni Essere del mondo umano sia per imparare da esso, sia per aiutarlo. Da questo Piano è possibile guarire tutto: la terra, il fuoco, l'aria, l'acqua, gli Esseri umani e non, tutti gli Esseri di Luce. È possibile ridare equilibrio a tutto ciò che l'ha perso.

Nel XIV Piano dimensionale di Esistenza è possibile conoscere la Grande Meraviglia della Vita. In esso ogni cosa scorre con le movenze di un fiume di luce bianca che, con onde leggere e dolcissime, culla il viaggiatore al suo arrivo. È facile abbandonarsi a esso e il "movimento" di onda lenta rilassa istantaneamente cullando e accompagnando in una parte ancora più profonda del proprio Essere. Al fiume si può lasciare, per sempre, ogni pensiero, angustia, ansia e preoccupazione ancora presente in modo recondito o anche solo dormiente. Ogni pensiero spiacevole riguardante qualsiasi livello della vita degli esseri umani, può essere abbandonato definitivamente e lasciato qui. La profondità cui è possibile giungere all'interno di se stessi da questo Piano di Esistenza è tale che il corpo, spesso, ne risente manifestando senso di nausea. Bisogna imparare a gettare nel fiume delle possibilità quantiche ogni cosa ritrovata nella profondità del proprio essere, poiché il fiume di fotoni che è possibile scorgere in questa dimensione, altro non è che il Lete, il fiume dell'Oblio dell'Anima.

Nel XV Piano dimensionale in cui gli esseri umani possono esistere, vi è l'Amore Passionale dell'Universo. Equivale a materializzazione e smaterializzazione di tutto ciò che E'. La luce è bianca ed ha la consistenza di una stella. Le frangiature dei raggi assumono sfumature dorate. In questa dimensione ci si sente entrare nel cuore di luce bianca della stella. Al suo interno accade la smaterializzazione del proprio essere che si fonde con la luce e diventa agglomerato di fotoni brillanti. Anche il contorno della forma umana si perde, in questa dimensione, così che l'Amore Passionale dell'Universo giunge a chi è in grado di percepirlo, rendendolo a sua immagine e somiglianza. La vita stessa fluisce in chi sa giungere a questa dimensione in modo consapevole. L'anima umana rivive. Sia fosse assopita o spenta, sia non fosse mai stata nel corpo, essa prende vita.

Il XVI Piano dimensionale di Esistenza è dato dall'Amore Sconosciuto. Anche in esso è possibile scorgere una stella la cui luce bianchissima si vena di sottilissimi fili azzurrognoli e trasparenti. L'impressione è che l'aria fatta di luce si muova incontro agli esseri con movimento ondulatorio. Piccolissime onde di luce che fluiscono come formando una membrana verticale rispetto a ogni essere. Questa realtà è data effettivamente da una membrana dimensionale che porta alla V dimensione. Infatti, tra il XII e il XV Piano dimensionale di Esistenza ci si trova nella IV dimensione spaziale (un luogo fuori dallo spazio tridimensionale e in cui è comunque possibile creare materialmente), e temporale (la percezione del tempo in chi conosce consapevolmente i Piani dimensionali è diversa rispetto a quello delle persone non consapevoli). In quei Piani di Esistenza ci si trovava perciò in una sorta di stato di transizione. Una volta varcata la membrana del XVI Piano dimensionale di Esistenza, si è invece nella V dimensione.

Nei Piani successivi a questo, fino al XX è possibile imparare la totale multidimensionalità ovvero il tempo circolare e il non luogo.

Il XVII Piano dimensionale di Esistenza è il Mondo delle Dimensioni. Si entra in questo Piano come provenendo da un corridoio luminoso, e, una volta giunti, la luce è bianca, luminosa, ma non accecante. Non c'è nessuno, a parte la coscienza di se stessi, ma s'intuisce comunque la presenza d'infiniti Esseri con cui interagire. Qui è dato connettersi con Esseri di tutte le dimensioni, sia del proprio, che di altri Universi. Vi sono conoscenza e studio delle tecnologie degli infiniti Universi, così come nel VI Piano di Esistenza si trovano le leggi del proprio Universo.

Le tecnologie, quando sono a livello molto avanzato, sono Spirituali e non più materiali. Talvolta può accadere di intuire attrezzature fatte di luce e che emanano bagliori. Qui si possono sperimentare infinite tecniche di guarigione volte alla creazione dell'equilibrio massimo. Sarà dato accedere consapevolmente a questo Piano, solo a chi abbia raggiunto il punto di svolta della propria evoluzione, dopo aver varcato la soglia della multidimensionalità.

Nel XVIII Piano dimensionale di Esistenza è la comprensione della Bellezza Infinita. Comprensione, amore e creazione di Bellezza. La Bellezza è infinita proiezione di Infinito.

Qui è possibile comprendere la Bellezza del proprio Obiettivo di Vita, così che esso sia da subito creato con bellezza e in bellezza.

Con il XIX Piano dimensionale di Esistenza si accede alle Infinite Possibilità Quantiche. Nell'infinita luce bianca è dato intravedere in una frazione di secondo Esseri che subitaneamente scompaiono. Ognuno di quegli Esseri è un se stesso del visitatore. Si tratta di esso nelle sue infinite possibilità quantiche. Una volta avuto accesso a questo Piano dimensionale si può chiedere di vedere il se stesso della possibilità quantica che si desidera vivere e quindi parlare con esso chiedendo di vibrare della sua stessa intensità. O, meglio, di avere risonanza con esso - o essa se si presenta in forma femminile- se è come si desidera essere nella propria nuova vita.

Il XX Piano dimensionale di Esistenza è il Piano in cui si può Ascoltare l'Infinito. In esso l'Infinito parla e dà la possibilità di leggere tutto e tutti in qualsiasi linea quantica siano e in qualsiasi di esse si spostino. Da qui è possibile leggere con grande precisione anche le linee quantiche del tempo lineare, spesso sfuggenti. Poiché qui si è nell'Infinito, è possibile conoscere ogni cosa accaduta o che accadrà, ovunque e per chiunque, con estrema precisione.

Una volta compiuto il viaggio consapevole,

in tutti i Piani dimensionali descritti, in cui l'essere umano è in grado di esistere, ci si rende conto che a mano a mano che ci si avvicina alla percezione dell'Infinito, il cervello legge anche il corpo che viaggia insieme alla mente. Infatti, dal quarto Piano dimensionale di Esistenza fino al XV si viaggia percependo la propria Essenza, mentre dal XVI Piano di Esistenza si percepisce anche la presenza del corpo, poiché il cervello ha - a quel punto - imparato (e le cellule appreso) che il corpo è in grado di viaggiare insieme con tutto l'Essere. Inoltre, a mano a mano che ci si addentra consapevolmente in tutti i Piani dimensionali, il concetto di divino come unitario, formato da un Essere supremo, si fa sempre più lontano. Le cellule umane sentono che tutto è pervaso da Tutto, ovunque vi è essenza di qualcosa e non vi è fine a questo. È venuta meno l'idea di un punto di arrivo, il desiderio di conoscere "il vertice" si è allontanato. Si percepisce con chiarezza che nell'Infinito tutto è Infinito. L'ansia di andare sempre più su si placa. Inizia il nuovo cammino per entrare nell'Infinito.

Entrare nell'Infinito sotto forma finita: con il corpo.

Questa è una grande novità e riguarda la gente di questo tempo storico.

5. La Vibrazione Personale.

Essa è una trama che è tutto intorno e dentro ogni essere vivente ed è data dal campo elettromagnetico prodotto da ogni singolo individuo nell'emanazione della propria energia vitale.

La Vibrazione Personale, si va a interfacciare con il ben più ampio campo elettromagnetico prodotto da quell'insieme di cose, persone, elementi... che semplicemente chiamiamo il nostro Universo, integrandosi con quella che definisco l'Emanazione totale, che è espressione dell'Universo stesso.

Per descrivere il modo in cui il cervello umano riesce a visualizzare la Vibrazione Personale, si può pensare a un mappamondo in cui i meridiani e i paralleli sono una trama spessissima e fittissima, che crea il mappamondo stesso. La figura sferica che si viene, in questo modo, a creare, è posta intorno all'essere che la emana, nel raggio di due metri circa dal corpo fisico, che è avvolto da essa e tuttavia libero di muoversi al suo interno.

In ogni punto d'intersezione di tali meridiani e paralleli vi è qualcosa dell'essere che li emana, e ogni essere è sia dentro il mappamondo sia il mappamondo stesso. Detto in altri termini, la fittissima trama che è tutta intorno, è ciò che semplicemente si definisce dimensione spazio - temporale.

Significa che meridiani e paralleli che compongono la Vibrazione Personale, sono costituiti dai due elementi: spazio e tempo, e che i punti di luminosità che si creano alle intersezioni di tali elementi, sono punti d'incrocio spazio temporale.

Come detto, ogni cosa riguardante gli esseri umani appartiene a un livello specifico di un determinato Piano dimensionale di Esistenza. Per esempio il denaro, il lavoro, la relazione sentimentale... ognuna appartiene a un livello specifico, e ognuna di esse, cade in un punto preciso dell'intersezione spazio temporale della Vibrazione Personale che avvolge l'individuo.

Poiché, si è detto che, in ogni punto d'intersezione della Vibrazione personale, vi è qualcosa di sé, è facile comprendere che i punti di luminosità sono le parti di sé che sono sempre nel luogo adeguato e al momento giusto!

È una cosa bellissima, perché conferma ancora una volta che ogni essere umano è artefice della propria realtà, poiché ognuno si trova sempre esattamente nel luogo e nel momento migliore per sé, ovverosia, se si tolgono le convenzioni di spazio e tempo, si è sempre nel "qui e ora".

Perciò, anche creare istantaneamente la propria realtà, è prerogativa di ogni singolo individuo. Infatti, una volta visualizzata la Vibrazione Personale, basta osservare, con l'utilizzo delle onde delta, se stessi proiettarsi con tutto il proprio essere, corpo compreso, in quel determinato punto luminoso della Vibrazione Personale, realizzando ciò che di sé vi è.

Per fare un esempio pratico, se qualcuno vuole creare la realtà migliore per sé nel campo della relazione sentimentale, si porterà nella propria Vibrazione - mediante l'uso consapevole delle onde delta - e cercherà il punto luminoso in cui si trova la relazione e il modo in cui essa è più confacente ai suoi bisogni. Acquisirà, dunque, pienamente e consapevolmente, l'immagine di ciò che per sé è la migliore relazione sentimentale, secondo la propria struttura personale e i propri bisogni. Una volta fatto questo, il passaggio successivo consisterà nel proiettare tale immagine nella zona dei propri lobi frontali e portarla nella propria realtà immediata. Si tratterà di proiettarla nel proprio spazio, attraendo la persona migliore per sé, che gli consenta di soddisfare il tipo di relazione sentimentale trovata nella propria Vibrazione.

È indispensabile avere dentro di sé l'immagine delle cose; senza, infatti, il cervello non saprebbe cosa cercare. È certo che l'immagine di ogni cosa, è presente nella Vibrazione Personale di ogni individuo, anche se può non essere presente nel cervello dell'individuo stesso. Questo fenomeno è dovuto alla caratteristica olografica dell'Universo, che fa sì che Tutto sia in tutto, perciò, ogni immagine è stata presente nel cervello umano, e se esso, a causa di una discordanza particolare, ne ha perse alcune, queste non sono perse del tutto, ma si trovano in determinati punti d'incrocio spazio-temporale della Vibrazione Personale.

Una volta che si conosce l'immagine di una cosa, di un sentimento, di un'emozione, di un simbolo... si può creare nella propria realtà, perché se ne ha memoria. Ciò significa che, una volta trovata l'immagine mancante, questa riattiva la memoria cellulare già contenuta nel DNA, rendendola reale. Risveglia cioè qualcosa già esistente ma perso, nel suo significato o nel suo utilizzo, dal cervello.

Da questo punto di vista le parole degli antichi testi, che riportano la conoscenza secondo cui Dio creò l'Uomo a Sua Immagine, possono essere interpretate nel seguente modo: l'Universo creò l'essere umano secondo l'immagine che Egli ne aveva, in altre parole, secondo l'immagine che era presente nell'Emanazione totale. Ciò implica che, per il principio olografico dell'Universo, secondo cui gli esseri umani sono a loro volta dei piccoli universi, essi sono in grado di co-creare la realtà, una volta che ne hanno l'immagine. Co-creatori, dunque, perché la memoria dell'atto di creazione è presente nelle cellule di tutti loro fin da sempre, poiché nati da un atto di creazione compiuto dall'Universo.

Ancora più sinteticamente si può dire che gli esseri umani sono creatori poiché creati.

Quanto finora detto sulla Vibrazione Personale, è valido soprattutto nella "vecchia griglia", ma i modi di acquisizione dell'immagine e di proiezione della medesima al cervello, sono ugualmente utilizzabili nella "nuova griglia". In questa la Vibrazione Personale continua a esistere, anche se è un po' diversa e si presenta al cervello umano come una maglia meno fitta data da fili sottilissimi di fotoni, attraverso la quale è possibile compiere il salto quantico….

Nella realtà, l'Emanazione Personale non cambia, varia però il modo in cui si percepisce, una volta finite le discordanze.

6. La Vibrazione Universale.

La Vibrazione Universale è la summa di Emanazioni di tutti gli esseri dell'Universo. Ci si serve di essa per riuscire ad aprire quelli che chiamo gli Star Gate spazio-temporali. L'apertura dei "varchi" consente la conoscenza del proprio progetto-senso e Obiettivo di Vita all'interno del Grande Piano dell'Universo.

Così come la Vibrazione Personale, anche la Vibrazione Universale si configura per il cervello umano come una sfera composta di cerchi orizzontali e verticali intersecantesi, e formati a loro volta da sottilissimi quanti fotonici che danno a tali "meridiani" e "paralleli" la caratteristica della luminosità iridescente. I fotoni che creano i meridiani sono la vibrazione elettromagnetica della luce stessa, i fotoni che creano i paralleli, sono l'energia prodotta dai Piani dimensionali di Esistenza, mentre i punti d'intersezione tra Piani e Vibrazioni si possono definire "punti d'intersezione dimensionali".

Nei punti d'intersezione dimensionali, si trovano le immagini di tutto ciò che è nell'Universo, ivi comprese forme che non sono mai state nel cervello umano, quali l'immagine di Infinito o altre simili. Quando si dice che talune forme non sono mai state nel cervello umano, s'intende che non lo sono più da svariati millenni, tanto da essere state estromesse anche dalla Vibrazione Personale degli esseri umani, oltre che dal cervello degli stessi.

Attraverso l'utilizzo conscio della Vibrazione Universale è, dunque, possibile proiettare nel cervello immagini tali da consentire l'espansione della consapevolezza oltre i limiti imposti finora dalle convenzioni di spazio e tempo, che portano in sé la convenzione di finito.

L'espansione della consapevolezza è molto importante per tutti gli esseri umani, poiché in tal modo, sono in grado di accedere e accelerare il "passaggio alla V dimensione".

7. L'immagine crea la vita

In principio era il verbo.

Questo è l'inizio del Tutto. Una frase che compare nei più importanti testi antichi occidentali e orientali. Sotto varie forme, con perifrasi o parabole, ciò che dicono i sacri testi, è: la realtà viene creata con le parole. Ogni volta che utilizzano parole, gli esseri umani creano la propria realtà.

In effetti, le parole pronunciate, vengono, dal cervello, associate a immagini, che conosce e che comincia a rendere reali immediatamente.

La Vita, come appare, è emanazione del Verbo, e il riflesso di questo sulla realtà è immagine.

Perciò, la vita dell'individuo dipende dall'immagine che egli stesso ne ha, e dalle parole che usa per definirla.

Se egli volesse cambiare la propria vita, o parti di essa, basterebbe cambiare l'immagine che ne ha, dando l'immagine di vita che desidera. Bisogna, dunque, essere in grado di creare la "nuova" immagine. A questo proposito è bene rilevare ancora, che qualsiasi immagine non è mai nuova per nessuno, poiché nel cervello vi è la forma di tutto ciò che è nell'Universo; ciò è dovuto all'olograficità. Perciò Tutto è in tutto. Tuttavia, generalmente, si ha consapevolezza solo di una parte delle immagini contenute nel cervello, e questo perché se ne utilizza solo una parte corrispondente, in media, al 5% del potenziale totale.

Quando si arriva a utilizzare, a livello consapevole, parti sempre più consistenti del cervello, si ha accesso a quella che è stata definita la Vibrazione Personale, che contiene tutto ciò che è per se stessi, sotto forma d'immagini.

Si è detto che avere accesso alla Vibrazione Personale significa avere accessibilità al campo elettromagnetico che emana da ogni essere che è la vibrazione della materia stessa di cui è composto, o meglio la vibrazione dei legami chimici e nucleari che tengono insieme le molecole di cui, per esempio, il corpo umano è composto.

Si è detto che, interagendo con la Vibrazione e andando dentro di essa, si può scegliere quale immagine si vuole portare a livello consapevole nel proprio cervello, affinché la realtà cominci a somigliare all'immagine scelta.

Si è anche detto che nella Vibrazione è l'immagine del Tutto, e ogni volta che il cervello conosce l'immagine di qualcosa, comincia a crearla.

Allora si può dire che per cambiare la propria realtà, basta solo utilizzare immagini diverse da quelle che sono state utilizzate fino a ora. Una tale capacità presuppone però due scelte di base:

1) la decisione di utilizzare la percentuale maggiore possibile delle potenzialità del proprio cervello;

2) la scelta di cercare e trovare, nel Tutto, l'immagine di bellezza.

Il secondo punto, in particolar modo, cambierà la vita delle persone. Poiché la bellezza è in tutto e se si è in grado di coglierla, allora si potrà attingere all'Energia infinita dell'Universo innalzando le proprie vibrazioni.

8. L'immagine di bellezza.

Di là di ogni metafora culturale, stilistica e conoscitiva, nell'evoluzione delta assume particolare importanza la bellezza e giovinezza del corpo, dunque, la forma fisica, che è il modo di esistenza in quello che definiamo il nostro mondo.

Si è detto che la Bellezza è in Tutto, e che se gli esseri umani riescono a coglierla, sono in grado di attingere all'Energia infinita dell'Universo e innalzare le vibrazioni.

Il concetto di Bellezza come forma del divino, o - se si preferisce dirlo in termini di energia - come forma d'intensità vibratoria massima, è presente nelle memorie biologiche di tutti gli esseri umani. Infatti, in tutta la storia antica dell'umanità, la Bellezza è riconosciuta come il tramite tra l'umano e il divino. Se si pensa, per esempio, al mito della Grecia classica, Elena, che rappresenta l'archetipo della bellezza nell'espressione della sua immensa energia sia di creazione sia di distruzione, è una semidea figlia di Zeus e di una mortale, a significare che quando si ha la bellezza, si vede la bellezza o semplicemente s'intuisce la bellezza, si è già nel piano divino.

La bellezza è ciò che avvicina l'uomo a Dio, dunque, poiché se si riesce a scorgerla, si creano armonia ed equilibrio.

Giunti a un certo grado di evoluzione, la bellezza è un moto dell'animo, l'illuminazione che si rispecchia nel corpo. È la consapevolezza che si materializza rendendosi visibile all'occhio umano attraverso la bellezza del corpo fisico. Non può essere illuminazione, consapevolezza, evoluzione spirituale, senza che essa sfoci in bellezza fisica, poiché solo in tal modo si avrà accesso all'Unità, si è Uno con l'Universo, infatti, solo in tal modo si è l'Essere completo che ha superato dualismo e contrapposizione.

Solo in tal modo si è insomma in armonia con se stessi. Una volta che l'individuo riesce a trovare la Bellezza dentro di sé, e a portarne l'immagine al cervello in modo consapevole, avrà accesso all'energia del Tutto, e innalzerà le vibrazioni. Significa che l'energia elettromagnetica emanata dal corpo vibrerà con vibrazioni più alte e la Vibrazione Personale sarà accessibile a livello consapevole in parti sempre maggiori.

Quanto detto e ripetuto finora è: se si portano immagini diverse al cervello a livello consapevole, è possibile cambiare la propria vita. Se questo è vero, è corretto dire che se si porta al cervello l'immagine di bellezza del corpo fisico, essa comincerà a innalzare le vibrazioni in tutto l'essere, poiché per il principio olografico e di unitarietà, il cervello percepirà quella del corpo fisico, come la bellezza dell'Universo.

E così è.

Il concetto di bellezza è il filo conduttore di tutta questa ricerca.

La bellezza è ciò che avvicina l'uomo alla sua parte divina, poiché se riesce a scorgere la bellezza, è in grado di creare armonia ed equilibrio. La cosa più importante è che la bellezza è in ognuno, che è com'è, quindi un essere perfetto perché tale.

Ognuno diverso dall'altro, unico e irripetibile.

Il Delta
La Legge delle Dimensioni

CAPITOLO IV

IL CERVELLO NELLA TRAMA ANTICA

Per andare oltre a qualcosa, qualsiasi cosa, bisogna accettare a pieno ciò che quella cosa è, in ogni sua forma e manifestazione.

Così per vivere tra i Mondi bisogna prima di tutto essere pronti a vivere nel Mondo. Accettarne, dopo averle comprese, regole e sfaccettature, fin nella loro più piccola contraddizione. Solo così si può comprenderne l'essenza e la natura, mettendosi in cammino per spingersi oltre.

Siamo qui, ora e bisogna vivere ciò che ci si presenta, fino in fondo. L'abbiamo accettato al momento in cui siamo nati e bisogna che noi lo accettiamo sempre, fino a quando siamo qui. Non si può lavorare bene per qualcosa che non si accetta e non si comprende, perciò prima di tutto bisogna accettare la nostra realtà umana e terrestre e viverla completamente. Comprendere nel profondo il compito affidatoci dall'Universo qui e ora, solo dopo si potrà continuare il cammino. Se prima non si sarà fatto questo, ciò che ne conseguirà sarà un disperato tentativo di fuga dal presente.

111

Ogni volta che cercheremo di fuggire dalla nostra realtà, moriremo a qualche livello, sia esso intellettuale, spirituale, emozionale o corporale. La morte è solo il modo più facile che abbiamo per allontanarci da ciò che non accettiamo, prima di tutto da noi stessi.

Vi è uno stato intermedio, prima che dalla vita si passi alla morte; questo stato è chiamato malessere. Quando in questo scritto si parla di malessere, non s'intende il termine usato per il malessere fisico, ma lo stato di disarmonia, a qualsiasi livello, che crei problematiche nella vita delle persone. Malessere è mancanza di armonia. Bisogna entrare in sintonia e in armonia con il nostro Universo, poiché la mancanza di armonia, a qualsiasi livello essa sia, corrisponde a malessere.

Guarire è essere in sintonia con l'Universo, essere in armonia con il Tutto, essere consapevoli di sé. È l'inizio del Cammino, e per poterlo compiere bisogna avere conoscenza profonda di sé.

Per favorire questa importante e primaria tappa nell'evoluzione personale, nel capitolo seguente s'introdurranno gli argomenti concernenti, i comportamenti biologici del cervello umano e ai modi individuali di risposta alle influenze esterne, dando così al lettore i primi utili strumenti.

1. Funzionamento biologico del cervello.

Poiché ci si dovrà occupare innanzitutto di portare a livello consapevole le risposte automatiche contenute nel cervello, ereditate biologicamente o apprese mediante modelli comportamentali -in ogni caso provenienti dall'esterno-, è importante fare una premessa per spiegare schematicamente il funzionamento biologico del cervello umano e l'automatismo delle risposte date dall'individuo agli stimoli esterni.

Vi è da rilevare che pur prendendo in considerazione il comportamento biologico del cervello umano come conosciuto fino ad ora, l'obiettivo della Legge del Delta è dare risposte che porteranno il cervello a sviluppare potenziali finora sconosciuti, o meglio inattivi, che daranno luogo a comportamenti diversi del cervello stesso che non risponderà più alle leggi biologiche finora conosciute.

Tuttavia, come già detto, per evolvere bisogna conoscere esattamente il punto di partenza, in particolar modo l'evoluzione biologica del cervello umano, a tal fine, di seguito descritta.

Il Tronco cerebrale o tronco encefalico, detto anche "cervello rettile" sembra, essere stato il primo a comparire nell'evoluzione, infatti, esso è il cervello evoluto in tutte le specie animali, nessuna esclusa.

È definito anche cervello automatico, perché non pensa. Attraverso le informazioni contenute nella parte più antica del cervello, è assicurata la sopravvivenza all'essere umano. Questo è quanto accade anche a tutti gli altri animali, poiché tutti, indistintamente, sono dotati di tronco encefalico. Le informazioni presenti in esso, corrispondono ai principi fondamentali della vita sul piano corporale-materiale, che sono validi, ancora ai nostri giorni. Si possono riassumere in tre grandi gruppi nei quali si manifestano rispettivamente le dinamiche riguardanti il rapporto esistente in natura tra predatore e preda, riproduzione e sessualità, nutrimento e cibo.

Qualsiasi problematica dell'essere umano, a qualsiasi livello, è biologicamente rintracciabile all'interno di uno o più gruppi delle dinamiche sopradescritte. Questo primo cervello primitivo programmato semplicemente per mangiare, difendersi dall'attacco, respirare, riprodursi, ha permesso la sopravivenza del genere umano. Si è detto che non pensa, e si è definito automatico, infatti, possiede un sensore, una sorta di allarme che fa scattare tutte le reazioni di sopravivenza. Tale sensore è appunto automatico. È indispensabilmente automatico, poiché in questa parte del cervello vi sono reazioni di base che bisogna attivare istantaneamente, pena la sopravvivenza stessa.

Il Mesencefalo: è un cervello più evoluto e compare nell'evoluzione in un secondo momento. È presente in tutti gli animali, tranne i rettili, e il suo compito principale riguarda la gestione di tutte le emozioni. Nell'evoluzione, la comparsa di questo cervello contraddistingue il passaggio a uno stadio successivo. Se si pensa, per esempio, ai mammiferi che vivono in gregge, si può comprendere come l'evoluzione di questa parte del cervello caratterizza il passaggio da una precedente situazione individuale, in assenza quasi totale d'interrelazioni, a una situazione in cui si crea una scala di valori e di relazioni, il gregge o il branco, per l'appunto. Tuttavia la vera caratteristica di questa parte del cervello umano è la comparsa dell'emozione.

A questo punto dell'evoluzione, con questo cervello si ha l'accesso all'emozione e si acquisisce l'istinto della fuga. Inoltre vi è una zona di questo cervello che gestisce le risposte automatiche apprese nell'arco dell'evoluzione umana che ivi sono raccolte e trasmesse. È una sorta di archivio in cui sono immagazzinate tutte le risposte, apprese dallo stesso essere umano o dai suoi simili prima di lui. Si tratta di risposte finalizzate a risolvere ogni situazione contingente e ogni stato emozionale. Sono definite automatiche, perché il cervello è in grado di fornirle istantaneamente senza dovere passare attraverso il ragionamento. Il mesencefalo, in virtù delle sue memorie, è in grado di trasmettere, oltre al semplice bisogno, anche l'emozione o, ancora meglio, il desiderio correlato a tal emozione. Infatti, se come si è detto nel tronco encefalico il bisogno, si riduceva a "nutrimento", nel mesencefalo, esso è elaborato, interfacciato con le emozioni ed espresso sotto forma di desiderio di un preciso cibo. Nel mesencefalo ci sono anche tutte le credenze, le cose apprese dall'esterno.

Ultima in ordine di tempo, nell'evoluzione dell'essere umano, sembra essere stata la zona del cervello detta *corteccia cerebrale*. Questa parte è individuale e tutti i comandi che sono in essa corrispondono a delle problematiche relazionali e quindi inerenti a un'idea d'individualità. Rappresenta, dunque, la parte più recente del cervello umano ed è la sede del pensiero e di quella che è comunemente definita la razionalità. Infatti, la funzione pensiero è venuta per ultima, quando cioè il genere umano ha perfezionato la capacità di prevedere.

A un certo punto dell'evoluzione, l'uomo-cacciatore non può non avere pensiero poiché non è sufficientemente forte e veloce rispetto agli animali che caccia, perciò il modo migliore che ha per sopperire a tali mancanze nella sua struttura fisica, è riuscire a prevedere i movimenti e i comportamenti delle sue prede. Visto secondo quest'ottica, si può dire che inizialmente il pensiero può essere assimilato a un senso supplementare che ha permesso agli esseri umani di sopravivere e, solo in seguito, si è sviluppato nel modo raffinato e machiavellico a noi conosciuto, grazie allo sviluppo della stessa corteccia e dei lobi frontali.

2. I bisogni.

Ora che si conosce, a grandi linee, la struttura dell'organo che è il principale protagonista della ricerca, si può cominciare il cammino di consapevolezza. Per intraprendere il viaggio di conoscenza di sé, è necessario essere consapevoli di quali siano i propri bisogni reali. È indispensabile, cioè, conoscere i bisogni che sono parte di sé e della propria struttura e unicità. Sono quelle necessità che, una volta soddisfatte, danno la totale e perfetta armonia con se stessi.

Troppo spesso, i bisogni, non sono soddisfatti dall'individuo, perché non corrispondono a quello che ha imparato, né a quello che gli hanno fatto credere siano i bisogni di tutti. Non corrispondono a ciò che dice la pubblicità, la cultura, la tradizione, l'ambiente sociale in cui vive, le convinzioni, le memorie biologiche ereditate, le sequenze emozionali non concluse dai propri progenitori, etc. L'individuo non soddisfa i propri bisogni a causa delle credenze che ha, delle cose che ha imparato dalla famiglia, la società, ha ereditato dai suoi genitori ed essi dai loro...

Le persone sono diverse e hanno desideri differenti, le priorità non sono uguali per tutti, perciò è necessario conoscere bene se stessi e i propri bisogni prima di giungere a creare la propria realtà.

Anche se si è compreso che la felicità è possibile per tutti, che è privo di senso il modo di pensare ereditato secondo cui nel mondo si deve soffrire, che si può avere ciò che si desidera... bisogna fare attenzione ed evitare di continuare a sbagliare pensando che ciò che si desidera o ciò di cui si ha bisogno sia uguale per tutti.   Poiché questo sarebbe, nel senso opposto, lo stesso errore compiuto fino ad ora e che ha portato all'infelicità: pensare di essere tutti uguali.

Creare la realtà significa soddisfare i propri bisogni, poiché sono essi che ingenerano i desideri. Perciò se ognuno guarda bene dentro se stesso, scoprirà per esempio, che non tutti hanno bisogno di possedere un yacht o macchine di lusso, ci sono persone che hanno bisogni diversi. Se si riflette su questo, si comprenderà perché non possono funzionare facili ricette della felicità in cui tutti possono essere milionari, e tutti fanno, nuovamente, la stessa vita di tutti. Non può funzionare semplicemente perché si tratterebbe di ripetere lo schema dell'omologazione. A un altro livello, ma sempre lo stesso schema.

Così la maggior parte delle persone si sentirà frustrata per non riuscire a diventare milionaria e non si renderà conto che ciò non accade, solo perché non lo desidera veramente. Ovvero, non ne sentono un bisogno tanto forte da trasformarsi in desiderio, ma semplicemente esprimono un'idea nel tentativo di omologarsi agli altri. È bene ricordare che quando si cerca di omologare i propri bisogni a quelli altrui, non si soddisfano più i propri bisogni effettivi e quindi si entra automaticamente nella discordanza.

Discordanza significa perdere l'armonia, il ritmo con se stessi e con l'Universo. La discordanza e quindi la mancanza di armonia portano al malessere.

Questo significa che l'influenza esterna, ma soprattutto il valore che ogni singolo individuo dà all'interferenza esterna, può condizionare il suo benessere o malessere. Per spiegare meglio questo concetto apparentemente astruso, è necessario introdurre, a questo punto, alcune scoperte scientifiche sul comportamento delle cellule all'interno del corpo umano.

Circa quindici anni fa, i ricercatori nel campo della Biologia, scoprirono che, asportando il nucleo delle cellule umane, queste continuavano a vivere. Appariva palese, per la prima volta, che il cervello delle cellule, non è posto, come si era creduto fino allora nel nucleo, ma si trova invece nella membrana. Poiché ogni essere umano è formato da cinquanta mila miliardi di cellule, questa scoperta ha un'importanza notevole per la comprensione delle norme che regolano lo scambio delle informazioni cellulari e il modo in cui si svolge la vita, dal punto di vista biologico.

La comprensione del tutto sarà ancora più chiara se s'incroceranno le scoperte fatte dalla psicobiologia negli ultimi decenni. Questa disciplina ha appurato che gli esseri umani ereditano dai propri antenati, non solo i caratteri genetici del corpo, come il colore degli occhi, dei capelli... ma anche le così dette memorie genetiche, ovverosia le abitudini, discordanze, risposte automatiche, armonie e disarmonie...

Tutte le informazioni ereditate, si trovano, naturalmente, all'interno delle cellule, ed esse sono coordinate dal cervello che è composto di cellule. Perciò ogni volta che è detto che un malessere è ereditario, si sta dicendo che nelle cellule esiste memoria antica della discordanza che ha portato alla disarmonia e, quindi, a quel malessere. Osservata da questo punto di vista, ogni malessere può essere considerato ereditario, poiché si potrà trovare memoria della discordanza anche nelle generazioni precedenti, e questo, nonostante non si sia presentato sotto la forma conosciuta e con gli stessi sintomi.

Il cervello e il corpo umano, vale a dire ogni sua singola cellula, (bisogna tenere presente il principio olografico dell'Universo) è, quindi, descrivibile come un grande computer all'interno del quale c'è un file enorme che sta girando in alcune parti da milioni di anni, in alcune parti da millenni, in altre da secoli o da generazioni, in altre ancora da venti, trenta, quaranta... anni, secondo l'età del singolo individuo.

Dentro il file, ci sono tutte le informazioni che le cellule hanno accumulato nel tempo dall'esperienza di chi è venuto prima; tali informazioni sono state utili, alcune sono ancora valide, altre però, sono diventate superflue o dannose. Tuttavia continuano a esserci e a funzionare automaticamente, anche se l'individuo non lo vuole o pensa di non volere. Perciò, l'ambiente circostante influenza l'uomo fin dall'inizio dei tempi, poiché ciò che è stato elaborato dai progenitori o dall'individuo stesso, sono risposte finalizzate al miglioramento della vita nel proprio habitat. Il fatto che il cervello delle cellule sia posto nella membrana, semplicemente aiuta a comprendere come le informazioni, dall'esterno - dall'ambiente circostante - siano passate all'interno del singolo, e di chi è venuto prima di lui, attraverso il semplice "sentire". Tali informazioni sono rimaste nelle cellule, trasmesse da una generazione all'altra; poiché si è detto che le cellule sono come dei grandi computer, altre informazioni continuano a essere immagazzinate ex novo a ogni generazione, essendo acquisite dall'ambiente esterno. Una volta che si comprende questo meccanismo e si diventa consapevoli, si è già sulla strada dell'armonia o se si preferisce della "guarigione", perché si comprende innanzitutto che si sta procedendo da millenni su un'unica linea di possibilità quantica, e, in secondo luogo, quale sia la possibilità, finora seguita. Inoltre, è facile intuire che, proprio come si fa con un computer, è possibile cambiare i file danneggiati o che semplicemente sono di ostacolo nella vita attuale. Non c'è bisogno di cambiare l'intero programma. Infatti, alcune delle risposte automatiche, ereditate o acquisite, sono ancora utili, magari salvano la vita, perciò è bene conservarle, almeno fino a quando non si saranno acquisite tutte le potenzialità insite nel cervello.

Per cominciare il cambiamento, è, dunque, necessario individuare i propri bisogni, che saranno personali e diversamente combinati da persona a persona. Questo consentirà di comprendere quali tra i file è bene tenere per ognuno e quali invece siano divenuti superflui; quali sono utilizzati correttamente e quali invece siano stati usati in maniera sbagliata.

Ci sono vari modi per individuare quali siano i bisogni reali delle persone: attraverso l'utilizzo dell'osservazione della persona e dei suoi comportamenti, e attraverso un'analisi della sua vita e delle sue abitudini...

Con l'utilizzo della Legge del Delta, si acquisiscono gli strumenti necessari a comprendere fino in fondo chi sia effettivamente la persona che è dentro di sé e quali siano le sue discordanze. Una volta verificati i bisogni personali, il passo successivo sarà quello di individuare quale sia la discordanza di base attiva.

3. le discordanze.

° Le discordanze presenti nelle persone sono apparentemente infinite e di varia natura, ma nella realtà tutte possono essere riportate a tre grandi categorie base che sono le paure dell'umanità.

Le discordanze, infatti, sono paure.

Le paure, a livello corporale e materiale, danno luogo a degli scambi chimici, che, in qualche modo, saturano le cellule, facendo sì che esse si sentano sufficientemente nutrite e appagate e non avvertano l'esigenza di cambiare la situazione.

Le paure si comportano, a livello chimico, in modo tale che nelle cellule non rimane spazio sufficiente per nient'altro, per cui, paradossalmente, i soggetti che più hanno paure (o discordanze, se così si vuole chiamarle) sono i meno propensi a liberarsene e a cambiare vita, pur essendo convinti che il cambiamento sarà per il meglio. È perciò importante riuscire a individuare, nella grande quantità di discordanze, quella di base, ossia la paura scatenante. Ciò permette di semplificare e velocizzare il proprio lavoro prendendo consapevolezza e liberandosi di quell'unica paura da cui dipendono tutte le altre. In tal modo si potranno abbandonare contestualmente tutte le discordanze, anziché doversi occupare di una per volta senza mai rendersi conto che si tratta di varie sfaccettature assunte dalla stessa paura.

Si vedano dunque, di seguito, le tre paure base e le relative discordanze a esse collegate:

- La paura dell'abbandono è atavica, di tipo animale. Essa è la paura di tipo biologico che prova il cucciolo animale nell'essere abbandonato dalla madre o dal branco. Ogni essere umano eredita la memoria biologica di tipo animale in cui il cervello sa che, se avviene l'abbandono da parte della madre o del branco, il cucciolo è vittima dei predatori e quindi muore. La parte del cervello in cui è contenuta tale memoria, è la parte più antica in assoluto, si tratta, infatti, del tronco encefalico. La sua posizione indica che questa è la più antica e grande paura per gli esseri umani, poiché si trova nel patrimonio biologico e, quindi, nella memoria da millenni, da quando, cioè, essi erano ancora animali. A questa paura fanno capo tutte le disarmonie di abbandono, sia si tratti di essere abbandonati che di abbandonare. Si presentano sotto varie vesti tra cui aggressività, obesità, bulimia, bellicosità. Anche remissività e anoressia fanno parte delle discordanze scatenate da questa paura.

- La seconda paura è una memoria biologica più recente della precedente, e compare nel momento in cui l'individuo comincia a rapportarsi con il gruppo. Esso si confronta con altri, entrando nel dubbio e domandandosi se sia all'altezza di chi lo circonda. Questa paura implica un giudizio di valore e a essa fanno capo tutte le disarmonie di svalorizzazione, in particolar modo sessuale, di giudizio, di sacrificio e di annullamento della parte emozionale. In questo tipo di paure rientrano le persone che sono molto nel maschile e hanno quasi del tutto abbandonato il proprio femminile. Inoltre, ogni volta che si trova questo tipo di paura, è facile ritrovare nella persona che ne è afflitta, legami causati da voti o giuramenti prestati nel passato anche da antenati. Accade, perciò, spesso che le persone che sono nella seconda paura ritrovino nel proprio albero genealogico antenati che hanno vissuto intensamente la spiritualità o l'attaccamento a ideali molto forti, da cui deriva la paura di non essere alla loro altezza.

- La terza è la paura di arrendersi e lasciarsi andare. Questa è una paura più recente come memoria biologica, risalente a epoca storica e che assomma in sé tutte le disarmonie che si manifestano attraverso quella che è, comunemente, definita depressione, a qualsiasi livello d'intensità essa sia giunta.

Generalmente, si trova un'unica paura base in ogni persona, talvolta accade di riscontrarne più di una ma è sempre possibile individuarne una più forte e quindi principale, mentre le altre sono secondarie o derivate dal perdurare della discordanza scatenata dalla prima.

4. La risposta automatica

Avendo osservato il funzionamento biologico del cervello e delle sue tre parti, e parlato della discordanza, è necessario approfondire, ora, la maniera in cui essa s'ingeneri biologicamente. Entrando nella comprensione del meccanismo della risposta automatica, sarà più facile afferrare quanto detto, e la logica delle parti trattate fino a ora.

Quando all'insorgere di un bisogno nel tronco encefalico, corrisponde un'emozione e poi un pensiero, che consentono la realizzazione e il soddisfacimento di quel bisogno, non sussiste alcun problema per l'individuo. In tal caso si dirà che il cervello, ha ritrovato la stessa informazione in ogni sua parte (il tronco cerebrale, il mesencefalo e la corteccia) e che i "tre cervelli" vibrano della stessa vibrazione. Qualora, però, le informazioni contenute nelle tre zone del cervello fossero dissimili, esse vibrerebbero a frequenze diverse. Una simile differenza ingenererebbe delle problematiche, dunque l'insorgere della discordanza.

Infatti, riscontrando immediatamente l'anomalia nelle vibrazioni, il tronco cerebrale invia un allarme al mesencefalo che attiva la risposta automatica. Esso, contiene al suo interno qualcosa che può essere immaginata come l'archivio di tutte le soluzioni elaborate nel tempo da chi ha vissuto storicamente prima di ora. Si è detto che nel mesencefalo si generano le emozioni, dunque le soluzioni in esso contenute, riguarderanno sequenze emozionali vissute da genitori, progenitori, gruppi di appartenenza, clan... dell'individuo. Tali soluzioni archiviate, sono definite "risposte automatiche", poiché sono date dal cervello in una frazione di secondo, per risolvere la problematica creata dal disallineamento tra le sue tre parti. Tecnicamente, in questo modo, il cervello stesso trova la propria soluzione, ma nella realtà, attraverso questo meccanismo vi è l'insorgere di un'altra problematica dovuta al fatto che la risposta che proviene dalle memorie biologiche ereditate, o apprese, è sì la buona risposta, ma a un problema vecchio, è, cioè, la buona risposta trasposta dal problema antico a quello attuale. È, dunque, tecnicamente perfetta a livello di sopravivenza della specie, ma si rivela del tutto inadeguata a livello di vita piacevole. Inoltre, tale meccanismo, fa ripetere i comportamenti all'Infinito. È chiaro quanto sia importante, anzi indispensabile, che ogni volta che si faccia scattare la risposta automatica, se ne abbia consapevolezza. In tal caso, infatti, nulla impedisce di dare una nuova risposta, personale e più idonea alle esigenze di una vita piacevole.

Per fare ciò bisogna, però, rendersi conto che si sta dando una risposta automatica, che per definizione è inconsapevole.

Attraverso l'utilizzo delle onde delta, è possibile rendere consce le risposte automatiche ereditate, al fine di rendersi

perfettamente conto di quali siano quelle che vanno ancora bene per la vita attuale e quali invece vanno cambiate.

5. Portare a livello consapevole tutte le risposte automatiche.

Con l'utilizzo della Legge del Delta è possibile riportare al cervello l'immagine riguardante la consapevolezza immediata delle proprie risposte automatiche. Tale immagine sarà sufficiente a cambiare la situazione. Poiché il cervello umano accoglie e riconosce le immagini, esso comincerà immediatamente ad assomigliare all'immagine proiettata e l'indicatore che tutto sta accadendo sarà dato da un repentino cambiamento nella consapevolezza personale. Si scopre di comprendere meglio e subito il proprio comportamento e i modi di scambio con la realtà.

Inizialmente si avrà consapevolezza della risposta automatica e della sua inadeguatezza subito dopo averla data, poi man mano, se ne avrà consapevolezza poco prima di darla. La frazione di tempo in cui vi è la consapevolezza, sarà l'esatto momento nel quale si andrà a inserire la nuova risposta, più idonea e sempre immediata, che diventerà a sua volta automatica.

6. Consapevolezza e risposte automatiche.

La fase in cui si entra nella consapevolezza delle risposte automatiche, è molto importante, perché l'individuo ha modo di osservare i vecchi schemi e l'incapacità della maggior parte di essi a generare una vita felice, gioiosa, avventurosa... Bisogna, perciò, volgere l'attenzione a distinguere le emozioni o reazioni utili ancora nella propria vita, da quelle inutili o dannose. Infatti, uno scatto d'ira, se avvenuto al momento opportuno per il soggetto, poiché l'ha "salvato" da una situazione per lui pericolosa, è sempre utile. Spesso il pericolo è rappresentato semplicemente dalla frustrazione o mancanza di autenticità dovute a un comportamento volto a reprimere tale rabbia, e quindi volto a reprimere le emozioni giudicate "cattive".

L'attività di portare le risposte automatiche a livello consapevole, è finalizzata, in particolar modo, allo sblocco delle emozioni, che sono in ognuno e hanno modo di venire in luce senza controllo, mostrandosi nella loro intensità, contrasto, diversità, grandezza etc.

Le emozioni, sono tali, non sono buone o cattive,

si possono valutare solo per la loro efficacia nell'aiutare a vivere bene la vita. Sono efficaci quando sono utilizzate, o, meglio, lasciate fluire naturalmente senza sottoporle al controllo della mente razionale. Se lasciate libere, le emozioni interagiscono con la realtà creando situazioni di massimo bene per il soggetto che le prova. Per fare un esempio pratico, si pensi alla rabbia; se essa sia giudicata e ritenuta, "cattiva" si cercherà di fare di tutto per controllarla e respingerla in profondità dentro se stessi, senza rendersi conto che essa comunque esiste e che continua ad agire dall'interno, fino ad arrivare a un punto tale da permeare di sé ogni cosa della vita. Così, alla fine si avrà una persona che palesemente mostra in ogni suo comportamento che sta cercando di trattenere la rabbia; con il passare del tempo si avrà una persona che è sul punto di far esplodere la rabbia, infine, si avrà qualcuno che compirà gesti particolarmente efferati, poiché la rabbia è esplosa.

In questi casi si dirà che si è trattato di un atto di follia o qualcosa di simile, da parte di una persona particolarmente buona e tranquilla. Nella realtà si sarà trattato di un atto compiuto da una persona che, un giorno dopo l'altro, ha inconsapevolmente coltivato la propria rabbia fino a farla esplodere. Quando si smette di controllare e si fa uscire l'emozione così com'è, al momento in cui si presenta, non farà alcun danno, poiché non avrà una carica particolarmente importante, ma anzi alleggerirà molto la vita delle persone.

In questa fase, si possono comprendere gli schemi comportamentali, i rapporti con le emozioni e con il proprio corpo, perché liberi dal controllo.

7. Cambiare le programmazioni automatiche.

Una volta compresi i meccanismi comportamentali che lo tengono in perenne discordanza, l'individuo può liberarsene per sempre. Le risposte automatiche, sono state inserite nel cervello umano per garantire la sopravvivenza biologica, e, anche se la maggior parte di esse non serve più, tuttavia è ancora utile per gli esseri umani cibarsi, dormire, difendersi... automaticamente. Perciò, le risposte che hanno bisogno di cambiamento saranno solo alcune, mentre la maggior parte costituirà, ancora per un po', una porzione del bagaglio cognitivo degli esseri umani.

Una volta cambiate, le vecchie risposte automatiche non scompaiono immediatamente dall'orizzonte della vita, ma indugiano ancora un po'. Finendo il proprio compito nell'Universo, portano a compimento lo sblocco emozionale dell'individuo. In chi ha vissuto nella discordanza, la parte emozionale è stata, infatti, imbrigliata e tenuta in una fase di semi addormentamento per lungo tempo. Per circa un mese dopo la rimozione delle memorie automatiche divenute inutili, il cervello si sente, perciò, svuotato da tutto il superfluo che era in esso: paure, discordanze, sequenze emozionali non concluse, ereditate, credenze e convinzioni di ostacolo alla qualità della vita attuale.

Si è detto che le paure attivano scambi chimici all'interno delle cellule, tali da saturarle, perciò, in questa situazione, le cellule saranno svuotate dalla saturazione e si troveranno nella condizione migliore per ricevere e trasmettere nuove informazioni. Saranno, cioè, in grado di accogliere le programmazioni coscienti di maggiore soluzione istantanea ai bisogni effettivi dell'individuo cui appartengono. Con le nuove programmazioni rese

automatiche, è facile per l'individuo cambiare il proprio modo di rapportarsi a situazioni che in precedenza lo portavano a discordanza. Aumenta il contatto con le parti sconosciute di sé e sente una tranquillità che emana dagli strati più profondi dell'Essere. Talvolta la tranquillità interiore è talmente intensa da apparire, inizialmente, strana al soggetto stesso che ne ha perduta da tanto tempo la consuetudine.

È l'inizio della totale consapevolezza del Sé.

8. Strategie per l'uso dell'energia.

Dopo avere prefigurato, nei paragrafi precedenti, i modi di comportamento biologico propri degli esseri umani, si vedrà di seguito un altro comportamento tipico, che si manifesta attraverso gli scambi energetici tra individui.

Vi è una fonte infinita di energia che è l'Universo stesso, ma l'uomo ha dimenticato il modo per usufruirne in maniera incondizionata e ha perciò inventato delle strategie per sottrarla ai propri simili, arrivando a convincersi che quello sia l'unico modo per ottenerla. Questo meccanismo, nella vita quotidiana si concreta in un continuo cadere in momenti di grande stanchezza cui si alternano momenti di grande attività, a seconda che si sia ceduta o presa energia.

Di seguito si comprenderanno le quattro strategie principali, in uso tra gli esseri umani nel momento storico presente, finalizzate a sottrarre l'energia ai propri simili. Alla fine della descrizione, sarà facile, per chi legge, identificare il proprio modo, elaborato dopo la nascita e quindi appreso attraverso il proprio gruppo familiare. La soluzione migliore è imparare a ricordare la norma migliore in assoluto per tutti, che è quella di prendere l'energia dalla fonte inesauribile dell'Universo. Imparare a ricevere energia nella maniera corretta è molto importante poiché, così facendo, si è in grado di donarla senza che se ne venga mai in mancanza, ciò, a livello di cervello e di comportamento biologico, equivale a essere in grado di trasmettere, quindi di ricevere, emozione. Poiché si è detto che l'emozione è ciò che crea la realtà attraverso il desiderio, imparare a scambiare energia nel modo migliore per tutti, equivale a imparare a creare la propria realtà in rapporto all'intorno.

I tipi principali di scambio energetico all'interno dei gruppi umani, sono quattro, ed equivalgono ai comportamenti base cui possono essere ricondotti la maggior parte dei comportamenti umani, quando ci si misura nei rapporti interpersonali. Si avranno soggetti attivi-aggressivi, o passivi secondo quale dei seguenti tipi di strategia adottino nella loro quotidianità:

- La prima categoria è quella dei *Giudicatori*: essi sono naturalmente soggetti attivi-aggressivi, che ponendo domande continue, s'intromettono nella vita altrui al fine di giudicare poi il comportamento e le azioni delle proprie "vittime". Questo è il modo in cui essi sottraggono l'energia.

- Gli *Intimidatori*: sono anch'essi soggetti attivi- aggressivi, che tendono a minacciare sia con parole sia con il tono della voce, che con veri e propri atti d'intimidazione fisica, attraverso i quali privano gli altri di energia, appropriandosene.

- Le *Vittime:* appartengono alla tipologia dei soggetti detta passiva, e raccontano continuamente ciò che di brutto o negativo, a loro parere, accade nella propria vita. Essi sono in grado di far sentire responsabile e impotente chi li ascolta, se non trova il modo per aiutarli. In tal modo, cioè o facendosi aiutare dagli altri o attivando in loro sensi di colpa, prendono l'energia.

- I *Taciturni* agganciano le persone con la propria riservatezza suscitandone la curiosità e queste si affannano a comprendere che cos'è che tormenta tali soggetti così introversi, cedendo in questo modo a essi la propria energia.

Le quattro tipologie, all'interno di un gruppo, interagiscono tra di loro, creando ognuno il proprio complementare, infatti:

- Le persone troppo riservate creano

giudicatori;

- I giudicatori creano troppo riservati;

- Gli intimidatori creano vittime;

- Le vittime creano intimidatori.

Quanto appena detto ha delle implicazioni di notevole portata, infatti, la parola creare, è utilizzata per intendere non solo il significato letterale (che assume per esempio quando si tratta di un gruppo familiare in cui i bambini si modellano in maniera complementare ai genitori) ma anche nel senso di attrarre, quando si tratta di soggetti esterni. Questo ha, come detto, implicazioni molto importanti che devono far riflettere sul fatto che ognuno crea la propria realtà, attraendo nella propria vita persone complementari. Perciò è molto importante smettere definitivamente l'uso della strategia di energia, soprattutto per chi utilizza la strategia della vittima, poiché inesorabilmente arriverà, alla fine, un appartenente alle categorie aggressive che approfitterà di esse.

Di seguito due esempi intendono indicare una possibile soluzione per liberarsi dal modo di fruire dell'energia altrui, e una soluzione per utilizzare l'energia dell'Universo. Si potrà fare come un gioco, verificando poi i risultati.

Il modo per evitare l'utilizzo di energia altrui è individuarla e sottrarsi alla sua attivazione, mentre nei confronti delle altre persone, affinché esse non portino via l'energia individuale, basterà riconoscerle e chiamarle con il nome del gruppo cui appartengono, pronunciandolo anche all'interno di una frase scherzosa, del tipo "Vedo che oggi ti senti più vittima del solito" oppure "Poiché preferisci, essere così taciturno, ti lascerò in pace". Attraverso frasi del genere, si utilizza in maniera proficua il meccanismo della risposta automatica visto in precedenza. Infatti, con frasi giocose, si mette l'interlocutore nel proprio campo di risposta automatica, che lo porta a ritenere che sia indispensabile rispondere, e in tal modo il suo cervello viene del tutto distolto dall'atteggiamento di strategia. Poiché anche la strategia dell'energia è una risposta automatica, attraverso queste frasi si fa scattare una risposta automatica che è ancora più radicata e profonda giacché appartenente alle memorie biologiche innate, mentre la strategia è un apprendimento. S'innesca così un meccanismo che porta al risultato di liberarsi, almeno temporaneamente, di chi vuole portare via l'energia.

Liberarsi definitivamente dalla propria e altrui strategia, è il vero obiettivo da raggiungere, come si vede nei seguenti paragrafi.

9. Strategie energetiche attive.

Innanzitutto, bisogna individuare con certezza il proprio modo di prendere energia dagli altri, in altre parole la propria strategia dell'energia. Per fare questo, bisogna solo assimilare il concetto e i quattro modi prima visti ponendosi domande del tipo: "Quale posso dire sia, in tutta sincerità, il mio modo di prendere energia? Quale tra questi quattro è il mio comportamento abituale, nell'interazione con gli altri?"

Osservando con attenzione, il tipo di strategia sarà subito chiaro. Qualora non si riesca a individuarlo facilmente o vi sia un po' di confusione tra due modi, si sarà, comunque, in grado di individuare subito quale sia il più ricorrente e più usato, e fare riferimento a questo. La bellezza delle strategie è, infatti, che una volta comprese sono facilissime da individuare e quindi anche da abbandonare.

10. La strategia dell'energia e la domanda infinita.

Il modo in cui si scambia l'energia attingendola gli uni dagli altri, dunque il tipo di strategia utilizzata nel prendere energia, corrisponde alla domanda infinita sviluppata nell'infanzia da ciascuno, ma vista su un Piano dimensionale di Esistenza diverso. Infatti, mentre la domanda infinita condiziona il piano materiale, quello sessuale e quello emozionale, la strategia dell'energia condiziona sia il piano emozionale, sia l'intellettuale e lo spirituale e interagisce, nel comportamento, proprio a livello energetico. Prima di riprendere la spiegazione del concetto, bisogna vedere con più precisione in che cosa consiste la domanda infinita e cosa s'intende con questo termine.

La *domanda infinita*: scaturisce nelle persone, da ciò che si ritiene non si sia avuto da piccolissimi, che è chiaro che non si avrà più, ma è ciò che si chiede in continuazione a tutti. Non si potrà mai avere perché riguarda qualcosa di riferito a se stessi bambini, e ormai non si è più.

Generalmente le domande infinite più diffuse

si possono riportare a due: essere riconosciuti
o essere accettati.

Il *riconoscimento:* è il padre che dà il
riconoscimento, se egli riconosce il proprio
figlio, esso avrà l'immagine dell'uomo e di
tutto ciò che è, essere maschile, se non lo
riconosce - anche nel senso che per un istante,
appena concepito o appena nato, ha pensato
di non volerlo, o di non desiderarlo così
com'era - l'individuo, non avrà nel proprio
cervello l'immagine dell'uomo e di tutto ciò
che è legato e collegato al maschile. Perciò,
se a non essere riconosciuta, è una bambina,
essa (una volta divenuta adulta senza avere
mai avuto l'immagine di maschile) utilizzerà
rappresentazioni dei modelli della cultura
corrente, e cercherà un uomo ideale che non
esiste.

Se a non essere riconosciuto, è un bambino,
egli sarà un uomo che cercherà di incarnare
l'ideale che la sua donna ha in mente, quindi
sarà altrettanto irreale quanto l'immagine che
lei ne ha.

L'accettazione: riguarda la madre; è lei che deve
accettare il bambino così com'è. Se lei lo accetta,
in esso vi sarà l'immagine di femminile e
di tutto ciò che riguarda il femminile. Se il
bambino non si è sentito accettato o se davvero

non lo è stato (bisogna ricordare che per il cervello non vi è differenza tra il sentirsi e l'essere) mancheranno nel cervello tutte le immagini riguardanti il femminile.

Nel caso di un bambino non accettato egli sarà un uomo che cercherà una donna che corrisponda a dei modelli culturali, televisivi...

Mentre la bambina non accettata, sarà una donna che cercherà di impersonare l'ideale femminile che i propri uomini hanno in mente e chiederà all'uomo di definirla come donna.

Ci sono poi, ma in misura più esigua, i non accettati e non riconosciuti, che non hanno né l'immagine del maschile né del femminile.

In tutti i casi di domanda infinita si attiva sempre uno dei due modi seguenti, ogni volta che ci si relaziona ad altri, e addirittura anche a se stessi:

o si fa la strategia e quindi si raccontano bugie sulla propria identità, prendendo ad esempio immagini mutuate dall'esterno;

o si rinuncia all'accettazione e/o al riconoscimento, e allora si è nel sacrificio di se stessi.

In entrambi questi casi c'è comunque una parte di sé che non è confessata all'altra persona e, quindi, una parte di sé che l'altra persona non accetta.

Il segreto per risolvere la domanda infinita è il seguente:

se non si è accettati dalla madre bisogna che ci si accetti da soli;

se non si è riconosciuti dal padre bisogna che ci si riconosca da soli.

Può essere difficile, ma non lo è, se si riprende quanto detto in precedenza, cioè che a livello energetico spirituale, la strategia dell'energia funziona come la domanda infinita, è il metodo utilizzato per indurre gli altri a rispondere alla domanda infinita (es. accettatemi perché sono una vittima; riconoscetemi perché sono silenzioso.)

Smettere di usare la strategia dell'energia e prendere vitalità dall'Universo significa risolvere per sempre e a tutti i livelli, la domanda infinita. Così facendo, non solo si ha energia, ma anche tutto ciò che essa rappresenta, a tutti i livelli, sempre, senza doverla avere da altri o dall'esterno.

Prendere energia dall'Universo, significa in summa avere sempre la consapevolezza di essere ciò che si è e la sicurezza ed equilibrio che ne deriva.

11. Restituire ciò che è altrui.

In questo paragrafo si tratta un argomento che è di fondamentale importanza in un percorso di evoluzione personale. In seguito agli studi condotti per la ricerca della Legge del Delta, a un certo punto è apparso chiaro che all'interno di ogni essere umano vi è qualcosa che non gli appartiene. Qualcosa che non è propriamente suo, che ha mutuato dall'esterno e quindi appartiene ad altri. A seconda che si tratti l'argomento dal punto di vista biologico o da quello scientifico o, ancora, attraverso il "pragmatismo" spirituale degli sciamani etc. vi è un punto in cui si arriva a definire, con chiarezza e senza mezzi termini, come *mente aliena* qualcosa che è presente in qualsiasi tipo di ricerca e di cultura riguardante l'evoluzione umana, in ogni tempo storico. Che si chiamino "memorie biologiche" "apprendimenti mutuati dall'esterno" o "spiriti del trauma" o ancora "impianti alieni" o quant'altro, poco importa, certo è che si tratta di qualcosa di estraneo al soggetto che lo manifesta.

Diversi modi di studio, differenti metodologie di approccio alla materia, diversi tempi storici in cui si sono sviluppate, sembrano portare allo stesso risultato.

È indubbio che gli esseri umani siano condizionati da qualcosa di estraneo a se stessi del quale bisogna che si liberino per avere la massima consapevolezza della propria vita e di tutta la realtà.

Vi è in ognuno qualcosa di alieno, di altrui, che non serve, sia si chiami memorie biologiche ereditate, sia apprendimenti esterni o si definisca con descrizioni antropomorfiche, non ha importanza, ciò che è certo, è che si tratta di qualcosa che ha finito il suo senso di esistere dentro il soggetto. Liberarsi da quella che è qui definita la mente estranea, e che è identificabile con la discordanza di base, è uno degli elementi principali per gettare le basi del proprio salto quantico.

Perciò, bisogna essere pronti sia a vedere la propria realtà da questo complesso punto di vista, sia ad accettare di cambiarla ora e per sempre. Avere portato a livello cosciente le risposte automatiche, rende consapevoli dell'estraneità a se stessi di tali risposte e dell'incongruenza che esse creano nella propria vita.

Con l'aiuto della Legge del Delta, sarà facile liberarsi dalla "mente estranea" poiché è sufficiente proiettare nel cervello l'immagine in cui si riportano le risposte proprie a ogni situazione, escludendo definitivamente le risposte estranee da ovunque esse provengano. Si portano in tal modo i tre cervelli a vibrare della stessa intensità di vibrazione.

L'influenza della "mente estranea", porta, infatti, la corteccia cerebrale ad avere - quindi a trasmettere - un'informazione diversa rispetto a quella contenuta a livello di mesencefalo e di tronco encefalico. La certezza che la discrasia -dunque- l'influenza "esterna" sia da ricercare nella zona della corteccia cerebrale, è il fatto che in essa sono contenute le verità, apprese, ed esse sono spesso in contrasto con i bisogni biologici dell'individuo. Si tratta quindi di cambiare i programmi limitanti acquisiti e perciò stesso esterni al soggetto.

Da questo momento in poi e da questo punto di vista più articolato, appare chiaro il senso di quanto visto fino a ora e in particolare:

• La domanda infinita

• Il modo di prendere l'energia

• La paura base

• Le credenze e le convinzioni bloccanti

L'individuazione di tali punti come comuni a tutti gli individui, è la dimostrazione che vi sono meccanismi altrettanto comuni, attraverso cui tutti si muovono e dei quali non si ha la maestria e, spesso, neanche consapevolezza. Si ripetono invariabilmente, come una filastrocca appresa e ripetuta all'Infinito da chi è venuto prima e da chi è intorno, con piccolissime variazioni da persona a persona, ma nella sua essenza sempre uguale per tutti.

Una filastrocca appresa e mandata a memoria, a questo, spesso, si riduce la vita degli esseri umani.

Un modo di vivere uguale per tutti in ogni parte del globo, con gli stessi desideri, medesime aspirazioni, identici problemi, uguali malesseri, equivalente mal di vivere…

La stessa tristezza negli occhi di tutti…

La soluzione migliore a tutto il ripetersi di cose, situazioni, persone, modelli, abitudini, discordanze, paure, malesseri, in una parola disarmonie, è liberarsi per sempre da ciò che è estraneo e cominciare a vivere la propria vita, diversa, bellissima, gioiosa, felice… magica. La soluzione è liberarsi da ciò che non appartiene - non più ormai- a sé, e abbandonarlo per sempre.

A questo proposito è bene chiarire qualcosa che, forse a primo impatto, potrà dare l'impressione di qualcosa di spiacevole, ma che, una volta compresa nel profondo, apparirà benefica al cervello biologico del lettore. Il giorno in cui ci si libera per sempre dalla propria discordanza, apparirà un giorno davvero triste. Perché quel giorno si è costretti a contare solo sulle proprie forze, che ormai, dopo tanti millenni di ripetizione della filastrocca, sono quasi nulle. Non ci sarà, infatti, più niente a dire che cosa è bene fare e che cosa invece no. Come bisogna comportarsi, in quale modo vivere la propria vita. Dopo tanto tempo passato a pensare secondo altri, a soddisfare bisogni estranei ai propri, a desiderare desideri altrui... la libertà di poter soddisfare i propri personali bisogni biologici, di desiderare, ma soprattutto la facilità di ottenere, spaventeranno le persone, poiché nessuna di esse ha idea di come fare a gestire tutto questo, né vi è nessuno che lo possa insegnare loro.

Tuttavia è ciò che bisogna fare se si vuole cominciare a vivere la propria vita. Bisogna che ogni individuo si conceda il permesso di essere l'unico punto di riferimento per se stesso. Significa liberarsi per sempre da qualsiasi forma di giudizio sia su se stessi sia sugli altri, e, di conseguenza, liberarsi per sempre anche da persone che giudicano, poiché cambiando, si smetterà di attrarle nella propria vita. Facendo questo passaggio e riappropriandosi della propria mente, si sta, infatti, implicitamente accettando che ogni aspetto della propria vita personale, qualsiasi esso sia, è perfetto così com'è.

È realmente così, poiché un risultato può essere sottoposto a giudizio solo se paragonato a un riferimento esterno a se stessi.

12. Il dubbio della Mente Estranea.

In questo paragrafo si tratterà il modo per liberarsi per sempre dal dominio della discordanza esterna, individuando la sfaccettatura principale attraverso la quale agisce in ognuno e che è qui definito, tout court, il dubbio della mente estranea.

Se si utilizza un'immagine antropomorfica della discordanza, chiamandola "mente estranea", bisogna immaginare che il comportamento di questa energia, (per avere la persona sotto il proprio dominio, in particolar modo quando essa mostra di volersene liberare) è fare perno su un particolare aspetto della vita - che varia da persona a persona - insinuando il dubbio proprio in quel settore e portando le persone ad abbandonare il cammino di evoluzione e cambiamento intrapreso. Individuare per ogni persona qual è il campo più vulnerabile della propria vita, su cui è facile fare perno per insinuare il dubbio, è molto semplice. Infatti, il dubbio s'insinua sempre nella frattura data tra ciò che è alla base nell'obiettivo di vita della persona (inteso come il motivo per cui quella persona si trova in vita in questo momento storico, in altre parole il suo progetto-senso) e ciò che la persona teme possa accadergli, qualora si dedichi completamente al proprio progetto-senso. Il dubbio si comporta come una fobia ricorrente, anzi rappresenta la paura che spaventa di più in assoluto la persona.

Conoscere il proprio "punto debole", permette di entrare nella paura che questo comporta, volontariamente. Ciò che si teme possa accadere a causa di fattori esterni, si fa accadere per scelta personale e in tal modo smette di essere pauroso e terribile per il cervello. Si tratterà di un atto simbolico, ma il cervello lo registrerà come una sequenza realmente accaduta e alla quale si è sopravissuti, perciò da quel momento la paura e il dubbio saranno finiti per sempre.

Entrare nella paura attraverso l'espletamento di atti simbolici, è un modo molto forte per il cervello umano, e funziona sempre, migliorando subito la vita delle persone, tuttavia i risultati sono ottenuti solo su alcuni livelli più esterni, quali il corporale e materiale. Se il "dubbio" è, come generalmente accade, a un grado molto più profondo, al livello che si definisce spirituale, si ripresenterà dopo un certo periodo, rigettando la persona nella discordanza.

13. La Mente Estranea e i suoi insignificanti motivi.

La Legge del Delta permette di risolvere in modo immediato l'insorgere del dubbio dato dalla "mente estranea", e messo in atto mediante una delle tre paure base dell'umanità. Attraverso questa Legge, il cervello si pone nella condizione di considerare insignificanti i motivi che portano all'insorgere della discordanza. È importante comprendere cosa s'intende realmente con la definizione "insignificante". Questa parola, infatti, nella sua semplicità, assomma il grande principio secondo cui tutto ciò che accade nell'Universo è perfetto in sé. Si tratta della capacità di affrontare in modo sereno eventualità che esulano dalle aspettative umane.

È l'arte di affrontare l'Universo senza vacillare né farsi travolgere dalle sue manifestazioni. Si tratta di essere non forti e duri ma colmi di timore reverenziale; di darsi all'Universo, e svolgere il proprio compito all'interno del Suo grande Piano. Da questa prospettiva, è chiaro che la frase "insignificanti motivi", non significa togliere importanza a un'eventuale bolletta da pagare o a una cartella esattoriale nella quale si riscontrano richieste ingiuste, né significa disinteressarsene, ma fare, invece, un grande atto di fede nei confronti dell'Universo che si occuperà di fornirvi ciò di cui avete bisogno: i soldi o la capacità di spiegare un errore, o quanto altro occorra per la soluzione. Perché la tranquillità personale è importante affinché ognuno possa svolgere il compito che è stato chiamato a svolgere nel mondo in questo tempo storico: Evolvere.

Perciò, l'unica occupazione per gli esseri umani, dovrà essere fare il proprio obiettivo di vita, perché il resto giunge con esso. Tutto ciò che occorre è dato dall'Universo per sistemare ogni cosa, affinché ogni individuo possa fare sempre più e sempre meglio il proprio obiettivo di vita.

Ecco perché tutti gli altri motivi al di fuori di questo, sono semplicemente *insignificanti*.

Comprendendo in modo profondo il concetto, ci si ritrova, nell'arco di pochissimi giorni, ad assegnare il giusto posto a ogni cosa, nella propria esistenza, senza sovraccaricare di aspettative, risentimento o qualsiasi altra energia, situazioni che di per sé hanno solo un'importanza marginale nella vita di esseri in evoluzione.

Il Delta

La Legge delle Dimensioni

CAPITOLO V

UTILIZZARE AL MEGLIO LA VECCHIA REALTA' QUANTICA

Dopo averla individuata, bisognerà imparare a utilizzare al meglio la realtà quantica in cui ci si trova, poiché in essa si è vissuto, prevalentemente, nell'arco della propria vita.

Bisogna, infatti, vivere, accettare e riconoscere la propria realtà per essere certi di volerla cambiare. È necessario imparare a stare nel mondo, utilizzando tutto ciò che offre, e volgendo al meglio tutte le potenzialità insite nella vita. Si tratta di imparare nuovamente il modo originario per vivere la propria vita. Questa è una conoscenza insita in ognuno, ma disimparata dai più, proprio a causa di discordanze, paure, atteggiamenti, convinzioni.

Per vivere, dunque, nel modo migliore, la realtà quantica all'interno della quale ci si è mossi per tutta la vita, è necessario abbandonare tutto ciò che è stato motivo di malessere e attivare parti del cervello ormai inattive da millenni. È indispensabile gettarsi a capofitto nelle potenzialità dell'Infinito imparando a prendere la propria energia da quella fonte inesauribile che è l'Universo. È giunto ormai il tempo, per gli esseri umani, di riprendere a desiderare e creare.

Solo vivendo tutto questo, ognuno sarà in grado di dire a se stesso se e cosa desidera cambiare nella propria vita.

1. Prendere energia dall'Universo.

Vedere la bellezza dell'essenza di ogni cosa è il modo per prendere l'energia infinita dell'Universo.

Si tratta di imparare a vedere la bellezza intrinseca in ciò che si ha di fronte, sia si tratti di cose, situazioni o esseri viventi. La bellezza che le è propria, è ciò che la tiene in vita.

Osservare con l'intento di vedere il senso di quella cosa o persona o situazione, poiché esso è ciò che la fa esistere. Riuscire a vedere la bellezza intrinseca delle cose, può comportare anni di meditazione e di ricerca di tipo filosofico o spirituale, conoscenze remote, analisi molto approfondite etc.

Poiché uno dei fondamenti del delta è che tutto è Uno e l'Universo è olografico, in questo paragrafo s'indicherà un modo per vedere in un attimo, sia con il senso della vista che con gli occhi della mente, la bellezza e il significato profondo di ciò che si ha di fronte. Una conoscenza tale, da far sì che, una volta acquisita, interagisca immediatamente con il Tutto, dando gli stessi risultati di anni di meditazioni e di ricerche, e ricaricando istantaneamente di energia.

Si tratta di essere in grado di osservare i campi di energia elettromagnetica dati dalla vibrazione della persona, oggetto, animale o situazione. In tale vibrazione risiede il senso della permanenza nella vita del terzo Piano dimensionale di Esistenza, del soggetto osservato.

Si potrà cominciare con l'osservazione di alberi e piante, poiché esse sono sufficientemente immobili e vibranti, e possono essere utilizzate da chiunque stia cominciando a vibrare a un livello più alto. In seguito si potrà usare questo metodo anche con oggetti inanimati, poiché anch'essi vibrano emettendo campi di energia elettromagnetica.

Le fasi da seguire sono, schematicamente, le seguenti:

- Mettersi davanti a un albero o a un gruppo di alberi, meglio ancora se si vede un bosco.

- Osservare il contorno disegnato dalle sagome degli alberi, sul cielo o sulle rocce, ovunque si staglino, socchiudendo gli occhi e sfocando l'immagine.

- Immediatamente apparirà un contorno fatto di luce più chiara, che segue l'andamento della sagoma delle piante;

- Concentrando l'attenzione su quella luce, inspirare ed espirare, profondamente, per tre volte;

- Inspirare profondamente per la quarta volta e chiudere gli occhi prima di espirare, portando dentro di sé l'immagine.

- Mentre si sta espirando, tenere gli occhi chiusi e osservare con gli occhi della mente l'immagine e tutti i suoi particolari, il verde vivo delle foglie, la maestosità dei tronchi, l'imponenza dell'altezza, la rugiada che scivola silenziosa dai rami...

- Sentire il sentimento che la bellezza appena vista provoca nel cuore, e, infine, con un grosso respiro, riaprire gli occhi.

Alla fine del semplice esercizio si è carichi di energia e ci si sente totalmente indipendenti. Pronti a dare, senza paura, emozioni agli altri, poiché ci si sente liberi dal pericolo di rimanerne in mancanza per averla donata. A poco a poco ci si renderà conto che l'energia si auto-genera, perché donarla innesca un meccanismo di scambio continuo, che è subito appreso dal cervello, dando luogo ad altra energia.

Quando, infine, si saranno innalzate e tenute costanti le vibrazioni allora non vi sarà più bisogno di ricaricarsi, poiché si è sempre in collegamento con l'energia dell'Universo.

2. Imparare a desiderare.

Energia - Senso - Forma

Se non vi sono questi tre elementi, nulla esiste. Ogni volta che qualcosa è creata nel terzo Piano dimensionale di Esistenza, perché esista e insista, bisogna che ci siano un senso per la sua esistenza e un'energia creativa alla base del tutto, in altre parole una capacità di concepire, sia a livello di pura immagine, sia di percezione. Perciò si può riscrivere la terna iniziale nel seguente modo:

Bisogno - Progetto-senso - Oggetto

Questa è la struttura sequenziale indispensabile perché vi sia creazione materiale. Visto sotto questa luce, il meccanismo appare molto semplice: l'essere umano concepisce e percepisce un bisogno, si attiva per darne risposta trovando il senso di ciò che deve essere creato per soddisfare tale bisogno, dopodiché lo realizza o, meglio, crea qualcosa che serve a soddisfare il bisogno. Significa che il senso dell'oggetto creato mediante il progetto è di soddisfare un bisogno.

L'elemento che muove tutto il meccanismo e fa

sì che qualcosa esista nella vita, non è ormai più il bisogno, ma il desiderio. Da millenni, l'essere umano, dopo avere concepito il bisogno, prima di passare all'elaborazione pratica del progetto-senso, mette in atto un'attività di tipo speculativo che individua con esattezza il bisogno, attraverso il desiderio. Se, per esempio, il bisogno è cibarsi, mentre in origine questo era sufficiente a far partire il progetto che avesse il senso di procurarsi del cibo, in seguito si è creato un passaggio intermedio in cui il soggetto mette a fuoco il bisogno e stabilisce se si tratti di bisogno di cibo dolce o salato, di carne o di pane... il nuovo passaggio, corrisponde a ciò che è comunemente definito "desiderio". Perciò si può infine riscrivere l'attuale sequenza nel seguente modo:

Desiderio -Progetto-senso- Realizzazione.

Esperimenti scientifici condotti sullo studio delle particelle della materia, hanno dimostrato che la sola osservazione è in grado di cambiare la realtà. È stato, infatti, appurato che l'occhio dello scienziato che osserva al microscopio la particella, è in grado di farle cambiare forma. Se si traspone il risultato della scoperta, applicandolo all'ultima sequenza riguardante la norma di creazione nel terzo Piano dimensionale, esso consente di affermare che desiderare che qualcosa accada verifica l'accadimento, dunque è già l'inizio dell'accadimento stesso.

Parafrasando il sommo Poeta, si può dire che il desiderio è ciò che *move il Sole e l'altre stelle...* infatti, anche alla base dell'emozione d'Amore vi è il desiderio.

L'errore compiuto generalmente dalle persone, è desiderare qualcosa già pronto, saltando i passaggi del desiderio creativo e dimenticando il bisogno primario che ha originato il desiderio stesso.

Per meglio comprendere questo concetto, è utile fare un esempio pratico: se il bisogno che si avverte è arrivare in un luogo, gli esseri umani, in particolar modo nell'ultimo secolo, anziché utilizzare quello che qui è definito "desiderio creativo" che nel caso specifico sarebbe "desidero essere in quel luogo", utilizzano un desiderio preconfezionato del tipo "desidero possedere una macchina per andare in quel luogo" oppure "desidero avere il biglietto dell'aereo per andare in quel luogo". In questo modo si dà una connotazione già individuata, vecchia e preconcetta al desiderio, anziché avere l'apertura a qualsiasi cosa possa portare alla realizzazione del desiderio di base. Nel caso specifico si può dire che ci si riferisce a modi di realizzazione del desiderio già esistenti e preconcetti, relativi a modelli esterni e non adatti al soggetto che l'ha espresso, poiché chiede che il desiderio sia realizzato con schemi che non gli appartengono.

In una simile situazione, la maggior parte delle volte, accade che il desiderio di base si realizzi - poiché l'Universo dà sempre e a chiunque ciò che desidera - ma il soggetto, non ne sia soddisfatto. Addirittura, la maggior parte delle volte non si rende neanche conto che il desiderio si è realizzato, perché ha già immaginato che si dovesse materializzare secondo un determinato schema, dandolo come unica possibilità di attuazione. Perciò, se la realizzazione del desiderio avviene in modo diverso, il suo cervello non è in grado di riconoscerlo. Ciò significa che la mente si è chiusa nell'ambito dell'immagine acquisita e non ne riconosce altre. Non solo, ma a volte può accadere che, poiché l'immagine sotto la cui forma ci si attende la materializzazione della richiesta, sia mutata dall'esterno, quindi appartiene ad altri, non si riconosca neanche se si presenta sotto la forma prevista. Ciò può accadere poiché essa immagine non era nel cervello della persona che l'ha espressa, o, meglio, non lo era a livello profondo, al pari di una fotografia appiccicata nella zona della corteccia cerebrale del soggetto. Si dirà, allora, di essersi distratti o di non essersi resi conto dell'opportunità che si è presentata, ma nella realtà non si era proprio in grado di riconoscerla. Ecco quindi che l'unica immagine riconoscibile dal cervello di chi esprime il desiderio è quella che rappresenta il desiderio puro. Nel caso in esempio, l'unica immagine che il cervello riconoscerà sarà "essere in quel luogo".

Il desiderio puro è l'unico che può essere realizzato, e per esprimerlo bisogna liberarsi da condizionamenti, credenze e immagini provenienti dall'esterno. È importante rilevare ancora una volta che, per esprimere il desiderio puro, è necessario affidarsi ai bisogni effettivi e strutturali propri e individuali. In tal caso si sarà, oltretutto, artefici di un grande atto d'amore che esprime rispetto nei confronti di tutte le possibilità che l'Universo offre, anche quelle ancora "sconosciute".

Per fare quest'atto d'amore, per liberare cioè se stessi dai condizionamenti, dalle credenze e dalle convinzioni non adatte al soddisfacimento di bisogni e desideri, è necessario, liberarsi dalle risposte automatiche presenti nel cervello e non più utili in questa vita - così come visto nei precedenti paragrafi- e imparare a formulare il desiderio in modo riconoscibile dal proprio cervello.

3. Formulare coerentemente ogni desiderio.

E' giunto il momento di mettere insieme i singoli argomenti trattati.

Si è compreso quale sia il modo in cui desiderare: esprimendo il desiderio creativo che scaturisce dal bisogno puro. Ora è importante reimparare il modo attraverso il quale è possibile ottenere quanto desiderato.

Si prenda dunque un sogno, formulato come desiderio puro - non indotto o, peggio ancora, dedotto - e, chiudendo gli occhi, si pensi intensamente a quanto desiderato, fino a sentirsi così come il sogno stesso. Questo passaggio è molto importante, perché se per esempio si è desiderato fare un viaggio, bisogna riuscire a sentirsi il viaggio, non come se si stesse facendo quel viaggio, ma come se si fosse proprio esso. È comprensibile che non sia facile, ma è certo che con un po' di concentrazione e di disciplina chiunque può riuscirvi.

Contemporaneamente, mentre ci si esercita a provare a essere il desiderio stesso, si dovrà:

1. Evitare di pensare anche solo per un istante a qualcosa di contrario a questo; per esempio evitare di pensare "non riuscirò mai a fare un viaggio" o cose simili;

2. Pensare spesso a se stessi mentre si fanno operazioni da viaggiatore, del tipo "mi porto la tal valigia perché mi voglio portare questi vestiti...".

3. Sentire la gioia che si prova nell'arrivare nel luogo meta del viaggio. Immaginarsi mentre si scopre la città, i musei, o si nuota nelle splendide acque di quel luogo etc.

4. Inoltre, ci si dovrà occupare di fare nella propria quotidianità, tutto ciò che può essere fatto durante quel giorno. Ciò significa riempire bene il posto che si occupa e avere efficacia in ogni singola azione. Per esempio evitare di distrarsi dal lavoro in ufficio per concentrarsi nel viaggio che si desidera compiere, e, ancor più, evitare di pensare che il lavoro che si fa non sia piacevole e si potrebbe essere in vacanza. Il pensiero migliore sarà "ora sono qui e svolgo volentieri il mio lavoro, poi, quando avrò finito mi dedicherò a programmare al meglio il mio viaggio...".

Nel momento in cui si riesce a provare questo, nel preciso istante, il desiderio comincia a realizzarsi e le situazioni si predispongono in maniera naturale per assecondarvi nel vostro desiderio. Tutto questo può accadere, perché si è entrati sufficientemente in contatto con l'Universo. Si tratta di un metodo empirico, dunque avrà la tempistica di attuazione legata al tempo lineare. Ci vorrà quindi più tempo perché si realizzi, ma comunque accadrà, poiché anche questo metodo funziona.

Con la conoscenza e l'utilizzo della Legge del Delta, la realizzazione del desiderio puro è ancora più semplice, poiché si tratta semplicemente di formulare in modo corretto il desiderio trasponendolo in un Piano dimensionale di Esistenza diverso dal terzo, per ottenere immediatamente quanto desiderato, sul proprio piano di realtà fisica.

Dal momento in cui il desiderio è formulato, ogni cosa inizia a predisporsi nella vita dell'individuo per la sua realizzazione. Bisogna ricordare che il delta serve, in questo caso, alla predisposizione immediata dell'accadimento, mentre con il metodo empirico, tale predisposizione avrà una tempistica più lunga.

4. Liberare il cervelletto per l'utilizzo consapevole delle onde delta.

Una volta individuata la propria struttura, e liberatosi da tutto ciò che, in una parola, si è definita la mente aliena, ognuno può apprendere il metodo delta per la proiezione delle immagini e la creazione della realtà. Per fare questo, è necessario preparare il cervello, che, da secoli, ha perso l'abitudine a utilizzare consapevolmente alcune parti, tra cui la Zona del Silenzio e il Cervelletto. Quest'ultimo, può essere immaginato come offuscato dalla "polvere dei secoli", coperto da un leggerissimo e impalpabile velo che ne impedisce il totale e perfetto utilizzo nelle potenzialità più profonde. Si può immaginare come la polvere sull'ingranaggio di un orologio delicatissimo; esso continua a funzionare, ma non in modo perfettamente sincronizzato.

Al fine di rendere queste parti del cervello umano perfettamente funzionanti e in grado di sviluppare tutte le potenzialità, è importante togliere la "polvere dei secoli" e rendere perfettamente attiva questa Zona. Il modo per farlo è particolare e semplice al contempo; permette al soggetto, una volta ripulito il cervelletto, di accedere al centro del Potere Psichico ove avviene la creazione della realtà fisica-materiale.

5. Il Centro del Potere Psichico.

A questo punto, bisogna fare un breve accenno ai punti del cervello in cui è necessario agire, per sbloccare la capacità di utilizzo consapevole delle onde cerebrali profonde.

Si sa che nell'emisfero sinistro del cervello umano, tra le altre cose, vi è la caratteristica dell'attività e dell'elettricità.

Nonostante la delimitazione scientifica in zone, tuttavia, già a questo punto del percorso di consapevolezza, e ancor più con il procedere in quella che si può definire pulizia profonda dell'essere, si lavora con tutto il cervello contemporaneamente, ed è possibile individuare la funzione specifica nel punto esatto. Nel caso delle onde delta, la funzione specifica è nel lobo frontale sinistro.

Accedendo a questa parte del cervello e irradiandola di luce, si apre il passaggio alle memorie ivi immagazzinate, che fino ad ora non sono state disponibili a livello consapevole. Queste memorie riguardano in parte il momento passato "altrove", (cioè tra una vita corporale e l'altra, quando l'anima non era incarnata) in parte, la capacità dell'uomo-Dio di creare la propria realtà immediatamente, mentre si vede nell'immagine proiettata coscientemente proprio in quella zona del cervello.

Si ricordi che, come detto in precedenza, le onde delta appartengono a tutti i Piani di Esistenza. Questo è il motivo per cui chi le utilizza ha la capacità di creare immediatamente la propria realtà. Illuminando il Centro del Potere Psichico ove risiedono le onde delta, si è, quindi, in grado di riportare alla propria memoria cosciente (poiché nell'inconscio vi sono sempre state) tutte le Leggi dell'Universo, per utilizzarle a proprio e altrui beneficio.

6. Il Grande Abbandono.

Una volta liberi da discordanze e paure, giunge il momento di consolidare i risultati ottenuti, e di avere nuova libertà dalla "mente altrui". Ciò aiuta a essere sempre più indipendenti e liberi da qualsiasi condizionamento. Si avverte la necessità di tornare a essere, finalmente, se stessi liberandosi da qualsiasi paura residua, in altre parole liberandosi per sempre dalla discordanza di base. Bisogna fare ciò che si può definire il "grande abbandono"; consiste nell'abbandonare definitivamente la paura, sotto qualsiasi forma essa si sia presentata fino a quel momento.

L'abbandono avviene attraverso l'innalzamento delle vibrazioni dell'Essere, al livello più alto. Quanto più a lungo si tengono alte le vibrazioni di tutto il proprio essere, tanto più velocemente ci si libera definitivamente della discordanza. Questo presuppone la capacità di agganciarsi, per qualche minuto, all'energia di coesione del proprio corpo energetico, dunque alla propria Emanazione Personale. Tal energia è individuabile nei legami chimici e nucleari che riuniscono le molecole che compongono il corpo umano. Sono, infatti, i suddetti legami che mettono insieme le molecole dando loro la forma visibile comunemente conosciuta e da sempre definita antropomorfa. L'energia dei legami chimici e nucleari, è ciò che rende coesa la realtà mostrandola come agglomerato di materia.

Si tratta, dunque, di agganciarsi alla propria energia di coesione che è la forza massima presente al momento nel terzo Piano dimensionale di Esistenza. Attraverso l'uso consapevole delle onde delta è possibile fare l'aggancio all'energia massima, innalzando le proprie vibrazioni al livello più alto finora conosciuto - che è quello della luce - e protrarlo per il tempo sufficiente a terminare il grande abbandono.

Il Delta
La Legge delle Dimensioni

CAPITOLO VI

PREPARARSI ALLA NUOVA REALTA' QUANTICA

Una volta liberati da ciò che era altrui, è facile individuare la nuova realtà quantica che si desidera davvero vivere.

In questo capitolo, si parlerà di alcuni modi che consentono al nuovo individuo di creare la propria realtà indipendente e scevra da bisogni altrui. Si può creare la realtà che meglio risponde ai propri bisogni "biologici", libera da costruzioni e archetipi acquisiti, ereditati, imparati...

Il nuovo individuo, può tornare a essere in equilibrio con l'Universo e a utilizzare tutti gli strumenti che Esso ha messo a disposizione degli esseri umani, per il massimo bene. Può apprendere tutto ciò che è contenuto sia nella vibrazione personale sia in quella universale. Può conoscere il Tutto universale. Riportata a sé tutta la conoscenza antica e ripreso a utilizzarla, sarà pronto a costruire e vivere la propria nuova realtà quantica.

1. Essere Uno con l'Universo.

Avere vibrato della vibrazione massima, almeno per qualche minuto, oltre a liberare per sempre l'individuo da ogni paura residua, ha dato l'immagine di vibrazione massima unitaria. La vibrazione è avvenuta, infatti, a livello di corpo sia energetico sia fisico; in essa i due corpi si sono fusi diventando un'unica cosa. L'aggancio energetico ha dato, dunque, al cervello l'immagine di unitarietà. La presenza di tale immagine, o, meglio, il suo ricordo, diviene molto importante, e facilita il cammino di evoluzione.

Si è detto già che, in seguito alla rimozione di discordanze, credenze, convinzioni, memorie biologiche o memorie apprese... che si sta compiendo, man mano si allineano i tre cervelli.

Si sta dando, cioè, unitarietà alle informazioni contenute nella corteccia cerebrale, nel mesencefalo e nel tronco encefalico, in modo tale che esse abbiano tutte la stessa vibrazione. La qual cosa equivale a dire che tutte le parti del cervello hanno la stessa informazione, che corrisponde ai bisogni biologici dell'individuo, e che la discordanza è finita.

Tuttavia, nonostante la raggiunta unitarietà, a questo punto gli individui hanno ancora una concezione di se stessi di divisione in livelli, in parti; sentono di avere un cervello biologico, una parte razionale, un corpo, un'anima, un livello genetico, storico, un conscio, un subconscio, un Sé superiore... Ci si sente spezzettati in tante parti e coordinarle tutte implica un grande dispendio energetico.

Significa che è giunto il momento di dare totale unità all'Essere che deve tornare a essere Uno con l'Universo e vibrare all'unisono con Esso, nella vibrazione massima dell'armonia infinita. Tutta la frammentazione in parti di cui l'Essere è stato oggetto, nonostante sia stata di grande utilità fino a questo momento, deve tornare a trasformarsi in unitarietà con se stessi e quindi con il Tutto di cui si fa parte. Dopo avere ritrovato l'unità con l'Universo, tutto cambia nell'essere umano: il centro del Tutto, il cuore del suo Essere diventa d'ora in poi il punto posto al centro del suo sterno e non servono più le distinzioni tra mente, corpo, anima, persona interiore o qualsiasi altra cosa.

Con l'utilizzo consapevole delle onde delta, è possibile riportare l'immagine di Uno con l'Universo nel cervello di ogni persona. In seguito alla riacquisizione dell'immagine, l'individuo si sente subito in asse con l'Universo,

181

in continuo e costante ascolto di se stesso così come lo è dell'Universo ed Esso di lui.

Il nuovo modo di sentire è prologo a un grande cambiamento che porta alla diversa e totale consapevolezza immediata del Tutto. Dopo millenni di annebbiamento e disarmonia, ogni cosa giunge chiara alla consapevolezza e si entra nell'armonia del Tutto.

2. Sblocco del cuore dell'Essere.

Poiché a seguito del ritrovato equilibrio con il Tutto, il punto di contatto tra l'essere umano e l'Universo è concentrato nella parte centrale dello sterno, nella zona che è detta in alcune discipline " IV chakra", bisogna far sì che quella parte sia particolarmente pulita da qualsiasi cristallizzazione di emozioni passate. Si tratta di ripulire tutta la zona centrale dello sterno. Qualora ci si concentri in meditazione su quello che si può definire il punto focale dell'Essere, prima che sia stato ripulito del tutto, è facile ritrovarsi a osservare immagini che scorrono dinanzi alla mente, come se si trattasse di fotogrammi di vite antiche.

In questo scritto, non c'è interesse a sostenere la teoria della reincarnazione o a contrastarla, poiché, sia si tratti di vite vissute in precedenza dallo stesso individuo che osserva, sia di vite appartenute a chi ha tramandato a esso le proprie memorie biologiche, certo è che, se considerate dal punto di vista del tempo lineare, esse sono comunque vite precedenti. Si tratta di frammenti di passato - proprio o altrui - ancora cristallizzati in quel punto dell'Essere, che è bene rimuovere utilizzando il metodo più veloce.

Non è pensabile rimuoverli uno per uno perché spesso le storie si susseguono a lungo davanti alla mente dando un grande senso di stanchezza e, talvolta, anche di sofferenza profonda. Le sequenze emozionali non concluse, sono presenti nel cervello biologico, poiché per esso non esiste il tempo lineare, dunque le rivive sempre con la stessa intensità con cui le ha vissute mentre accadevano. Per il cervello, ogni cosa avviene nel momento presente, perciò è di fondamentale importanza rimuovere definitivamente ogni cristallizzazione ancora esistente. Rimuovere le cristallizzazioni delle sequenze emozionali ancora aperte, equivale, infatti, a terminare, definitivamente, nel modo migliore possibile, tali sequenze. Come detto, per il cervello non esiste il tempo lineare, perciò la conclusione delle sequenze emozionali riguarderà non solo l'individuo che se ne libera, ma anche coloro dai quali egli le ha ereditate non concluse, e coloro ai quali egli le lascerà in eredità, ormai concluse. È il motivo arcano che, seppure non compreso appieno, ha portato il Popolo Antico a definire il punto posto al centro dello sterno il *"Centro del Soffio Vitale Creatore"*. In esso è data, infatti, la possibilità di creare nuovi Esseri, liberi e in equilibrio, nell'armonia degli scambi emozionali che sono la vita stessa.

Mediante l'utilizzo consapevole delle onde delta, è possibile dissolvere le cristallizzazioni, terminando le sequenze emozionali tutte insieme. Si attua così, un vero e proprio cambiamento nel DNA dell'individuo, che andrà in eredità anche ai discendenti. Tale cambiamento è il motivo per cui, una volta liberatisi dalle cristallizzazioni, si ha la percezione profonda di avere ritrovato il proprio Corpo di Luce. Da questo momento in poi, il cervello inizia a percepire tutto l'Essere come fatto completamente di luce bianco-dorata. Nel cervello ora si trova l'immagine del corpo dal centro del cui petto irradia un fascio di luce dorata che si allarga a raggiera man mano che ci si allontana da esso. Vi è la consapevolezza che quel fascio di luce è il modo per comunicare con tutti i Piani dimensionali, nessuno escluso.

Il Corpo di Luce è pronto a cominciare il nuovo cammino e i passi fatti fino a questo momento sono serviti a risvegliarlo.

3. Riempire il vuoto della Mente Estranea.

Quando si assiste al cambiamento del proprio DNA e al passaggio definitivo in quello che, nel tempo e in varie discipline, è stato definito il "Corpo di luce", l'individuo sente impellente la necessità di riempire il vuoto lasciato dall'abbandono di quella che, tout court, si è indicato come la Mente Estranea.

Essa è stata, talmente a lungo, padrona della realtà individuale, e ha dato così tanti pensieri, preoccupazioni... ha, infine, tanto riempito la vita dell'individuo, che, paradossalmente, dal momento in cui l'ha definitivamente abbandonata, egli ne sente la mancanza. È destrutturato, non sa come gestire la sua nuova realtà e la sconosciuta vita che intuisce giungere a grandi passi. Si rende, dunque, indispensabile, riempire il vuoto lasciato dalla mente precedente, con immagini proprie, idonee al soddisfacimento dei bisogni reali e alla piacevolezza della vita. Tali immagini, in parte sono risvegliate nel cervello con i cambiamenti d'utilizzo delle risposte automatiche, tuttavia è necessario ampliarne la gamma per riempire il considerevole vuoto lasciato nelle cellule dalla mancanza degli scambi chimici attivati dalle paure.

È possibile ampliare la gamma emozionale, portando nel cervello tutte le immagini - estromesse da esso a causa delle discordanze -, fortunatamente ancora presenti nella propria Vibrazione Personale. Il comportamento del campo di vibrazione elettromagnetica nelle cellule individuali, che si è in precedenza definita Vibrazione Personale, è, infatti, assimilabile, con un esempio grossolano, a quello del cestino presente nel desktop di un computer.

Si pensi di avere un computer, il cui disco rigido abbia la memoria piena a causa di file molto pesanti. Per liberare spazio e riuscire a lavorare con il computer, si prenderanno i file meno importanti e si butteranno nel cestino del desktop. Allo stesso modo, a causa delle memorie ereditate, delle informazioni provenienti dall'esterno, ma, soprattutto, delle paure che saturano le cellule, la memoria del cervello si è talmente riempita, che l'individuo ha liberato dello spazio spostando le immagini, ritenute meno importanti per la sua vita, nella propria Vibrazione. Tuttavia, poiché nel momento in cui l'ha fatto, si trovava dentro le proprie discordanze, egli ha spostato nel "cestino" le immagini che soddisfacevano i suoi bisogni, tenendo, invece, funzionanti le immagini di discordanza, in altre parole quelle concernenti la "Mente Estranea".

La bellezza di tale meccanismo sta proprio nella Vibrazione personale che continua a comportarsi in tutto e per tutto come il cestino del desktop, consentendo dunque, una volta resettata dalle discordanze la memoria del disco rigido, di recuperare e reinstallare le immagini gettate in essa. Con il recupero delle immagini, finisce il disorientamento creato dalla perdita di tutte le informazioni che erano state ritenute valide fino a quel momento, e comincia l'avvicinamento alla nuova realtà quantica.

4. Apprendere la Vibrazione Personale.

Con il delta si crea la " nuova mente razionale" dell'individuo, con la percezione nuova.

Bisogna dunque imparare a trovare la propria Vibrazione Personale, al fine di "riempire" la mente rimasta vuota e disorientata a seguito dell'abbandono della "Mente Estranea" o delle risposte automatiche che dir si voglia.

Utilizzando consapevolmente le onde delta si potrà visualizzare la propria Vibrazione Personale. Dopo un'adeguata preparazione, e attraverso una particolare meditazione profonda, è possibile, a ogni individuo, accedere al Centro del proprio Potere Psichico. Ogni persona preparata a tale meditazione, sarà in grado di utilizzare consapevolmente e gestire le onde prodotte in esso. In seguito sarà sufficiente pensare alla propria Vibrazione Personale, e di voler vedere l'immagine migliore in assoluto per sé in un determinato campo della vita.

Un punto d'incrocio spazio-temporale s'illuminerà e si potrà vedere l'immagine che è contenuta. Basterà osservarla e memorizzarla, senza pronunciare alcuna parola; ogni cosa avviene attraverso le immagini, si tratta, dunque, di osservare

189

Vedere la propria Emanazione per la prima volta, è quanto di più bello e affascinante vi possa essere. Essa appare nella forma descritta, e le linee sono veramente sottili, infinitesime, appena percettibili e luminosissime. I Punti d'incrocio spazio-temporale sono anch'essi punti di luce che, a un comando, si aprono come tunnel luminosi, permettendo di varcare lo spazio e il tempo che, apparentemente, separa l'individuo dall'immagine che ha chiesto di conoscere. Sarà come compiere un viaggio tra le infinite galassie dell'Universo, mentre nella realtà si starà compiendo un viaggio in se stessi e in tutte le proprie possibilità quantiche, scegliendo di entrare ogni volta in una di esse. Infatti, se si pensasse di unire tutti i punti originati dagli incroci spazio temporali, si otterrebbero né più né meno che le scie fotoniche di tutte le possibilità quantiche dell'Essere cui appartiene l'Emanazione...

Amore e Bellezza si fondono nella contemplazione dell'immagine della propria Emanazione, ed è a questo punto che l'individuo è in grado di comprendere il paradigma in cui la Bellezza è ponte tra l'umano e il divino, è la via posta tra il Cielo e la Terra; è la Forma dell'Amore...

Da questo momento in poi il cervello comincerà a cercare e a creare ovunque e comunque Bellezza.

5. Apprendere la Vibrazione Universale.

Allo stesso modo, è possibile apprendere la Vibrazione Universale, e accedere alle immagini contenute all'interno degli incroci dimensionali.

L'utilità di quest'apprendimento è ancora differente, poiché esso è finalizzato all'espansione della consapevolezza degli esseri umani. L'accesso alla Vibrazione Universale porta al cervello immagini che, da millenni, non sono più presenti nella mente umana, tanto da averne persa traccia anche all'interno della Vibrazione Personale. La perdita di tali immagini è riferibile alla convenzione di spazio e tempo cui il cervello ha scelto di adattarsi negli ultimi millenni. Poiché le immagini sono perse, ogni qual volta vi sia l'insorgere di discordanza, (in altre parole quando manca l'allineamento tra le tre parti del cervello stesso e quindi tra bisogni biologici e verità apprese) si deduce l'estremo stato di disarmonia tra le convenzioni di spazio e tempo e il cervello biologico. Implica, inoltre, l'appartenenza di tali convenzioni alla sola sfera della corteccia cerebrale, ossia alle memorie apprese.

Da questo si deduce che l'essere umano nasce originariamente per vivere nel tempo circolare, e, solo in seguito, si adatta a vivere nel tempo lineare, con grande sforzo e dispendio energetico.

Si può affermare che la grande discordanza iniziale sia unica e uguale per tutti gli esseri umani: vivere nel tempo lineare. Solo ponendo alla base di tutte le disarmonie questa grande unica discordanza, è possibile comprendere tutte le paure dell'umanità, che hanno come unico temibile punto d'arrivo la morte del corpo. La cessazione della vita su un Piano dimensionale di Esistenza. Tali paure non esisterebbero senza la morte, diretta conseguenza della concezione di tempo lineare.

CAPITOLO VII

CAMBIARE L'INFORMAZIONE CELLULARE

All'interno di un cammino di evoluzione e consapevolezza come quello di cui si tratta, l'armonia e l'equilibrio devono essere raggiunti a tutti i livelli, nessuno escluso. Per il raggiungimento di uno stato di equilibrio armonico con l'Universo, bisogna evitare, nella maniera più assoluta, che l'Esistenza dell'individuo sia penalizzata in qualche Piano dimensionale. Per comprendere meglio il concetto, si pensi, per esempio, alle discipline in cui, nei secoli, si è inteso sacrificare l'aspetto corporale a vantaggio di quello spirituale. Non sembri tanto lontana tale situazione, poiché si continua, anche nella vita quotidiana, a screditare l'aspetto corporale a favore dell'intellettuale, ritenuto, in qualche modo, di più alto valore. In questo momento storico, mentre si sta abbandonando la vecchia griglia, transitando verso la nuova, è importante avere l'armonia del tutto, e quindi dare il giusto equilibrio all'esistenza corporale degli esseri umani. Essi esistono nel terzo Piano dimensionale attraverso l'aggregazione delle particelle di materia.

Questo è quanto.

Si tratta di una realtà che non può essere discussa, ma semplicemente accettata come facente parte di ciò che l'Universo ha fatto. L'essere umano esiste in questo Piano dimensionale anche a livello corporale. Tale livello è evidentemente importante, perciò bisogna occuparsi di esso, preservarlo e prepararlo al passaggio, così come gli altri livelli. Il passaggio alla multidimensionalità, per gli esseri umani, comprende anche il corpo.

Questa è la grande novità.

Molti Esseri esistono nell'Universo su vari Piani di Esistenza, ma gli esseri umani esistono a livello corporale. Questo è il motivo per cui si trovano in vita e incarnati in un corpo, anche gli Esseri che devono aiutare il pianeta nel passaggio. Infatti, solo chi è dotato di corpo, può ben comprendere quali siano, di volta in volta, i passi da compiere e le evoluzioni da fare e da insegnare affinché il passaggio degli Esseri cui è dato accedere alla multidimensionalità anche con il corpo - gli umani, appunto - possa avvenire nel miglior modo possibile.

Osservando da questa nuova prospettiva, il corpo umano, considerato da sempre alla stregua di un grande intralcio per l'evoluzione, ritenuta nella sua espressione più alta, solo ed esclusivamente di tipo intellettuale, emozionale e spirituale, diventi, invece, elemento di primaria importanza.

Esso è rilevante, al punto da rendere impossibile l'intervento attivo di altri Esseri dell'Universo. Questi possono, infatti, svolgere un ruolo nella trasmissione di altre conoscenze e di aiuto nel risveglio delle potenzialità umane. Non possono, tuttavia, occuparsene attivamente, sia perché privi di un corpo fisico che permetta loro di conoscere le rispondenze a livello corporale alle sollecitazioni esterne di cambiamento, sia per il rispetto dovuto al principio del libero arbitrio che permea ogni singola cosa nell'Universo; perciò l'evoluzione umana è affidata agli esseri umani e sarà loro compito esclusivo.

Data la sua fondamentale importanza, il tema della tutela e dell'evoluzione del corpo fisico, sarà pertanto trattato in questo capitolo nelle parti fondamentali. Dalla trattazione, sarà facile evincere quale sia la direzione verso la quale il Piano dimensionale, in cui il corpo stesso esiste, si stia dirigendo.

1. Essere/i in volo.

Coloro che iniziano a creare la nuova realtà della propria vita in ogni settore, nessuno escluso, si trovano in "volo", poiché hanno spiccato il balzo per fare il salto quantico. Tutti gli Esseri in volo, completeranno il salto, perciò tutto ciò che è passato nella loro vita è anche finito per sempre, ormai. Chiunque comincia a "espandere la propria consapevolezza" si trova temporaneamente stranito rispetto alla realtà che lo circonda, perché si sta allontanando da essa per creare la nuova realtà. Quest'ultima non è ancora alla sua portata, nel momento in cui si rende conto che la vecchia realtà non esiste più. Per un po' di tempo si avrà necessità di adattamento, poi ognuno troverà da solo il modo per interagire con la realtà circostante. Allora, e solo allora, potrà cominciare il cammino per la realizzazione del proprio obiettivo di vita. Sarà il momento in cui l'individuo si renderà conto di avere, nel passato, cambiato la propria realtà in funzione di quella esistente. Ha, cioè, fatto richieste di cambiamento che, dal proprio punto di vista, rappresentavano un miglioramento rispetto all'esistente.

Quando ci si prepara a cambiare la propria realtà in senso assoluto, senza termini di paragone con il passato, bisogna essere pronti a vivere senza alcuno schema, a comprendere che ogni cosa può essere utilizzata a proprio vantaggio, a soddisfare i propri bisogni, siano, o no, parte della struttura originaria. Se si prende una tale, e si mette in pratica, ogni cosa appartenente alla vecchia griglia cambia, perché una risoluzione di questo genere presuppone il definitivo passaggio alla nuova realtà. La congiuntura storica è tale che, compiere il salto quantico in questo momento, equivale a scegliere la scia fotonica in cui si vuole vivere, al passaggio automatico alla nuova griglia e, quindi, alla multidimensione. Se vi fosse una scala di valori in grado di valutare la potenza di un salto quantico, si potrebbe affermare che il salto quantico compiuto nel momento storico in cui ci si trova, corrisponde al massimo salto possibile. Esso, infatti, è in grado di portare l'individuo che sceglie di compierlo, non solo su un'altra linea quantica di realtà della propria vita, ma addirittura su un'altra linea quantica di realtà terrestre e dunque universale.

Tutto sta cambiando, è in transizione di per sé, perciò, anche la scelta di cambiamento e la conseguente realizzazione da parte di un singolo individuo, influisce notevolmente sull'accelerazione del cambiamento del Tutto.

È giunto il tempo per gli esseri umani,

di imparare a essere "giocolieri", avere la maestria della Vita, muoversi in essa in modo costantemente nuovo e divertente, creare bellezza e armonia infinita. Questo è il momento della libertà assoluta, dell'abbandono totale di ogni limitazione, dell'essere in sintonia con il Tutto, nella sincronia universale, nel tempo circolare, nell'Infinito... è l'inizio del nuovo cammino...

Il salto quantico in questo momento storico è: esistere a infiniti livelli e luoghi, per Infinito.

Ora, chi ha seguito questo cammino di consapevolezza è in grado di comprenderlo.

2. Modulare il concetto di Infinito.

Giunti a un punto di conoscenza tanto profondo, necessita liberarsi da tutti i limiti, quali essi siano.

Nel momento in cui si sta per intraprendere il viaggio nella nuova possibilità quantica scelta per la propria vita, è necessario introdurre nuovi concetti che esulano dalla conoscenza umana presente e passata; che sono conosciuti dagli esseri umani solo nella forma astratta. Non sono mai stati assimilati pienamente dal loro Essere, tanto che non è possibile trovare alcuna immagine cui attribuirli, né all'interno delle Emanazioni Personali degli individui, né dell'Emanazione della Terra. Si tratta, quindi, di proiettare nuove immagini nel cervello e procedere all'espansione della consapevolezza umana. Tali concetti dovranno essere appresi dalla Vibrazione Universale. Questo, perché il cervello umano è programmato per riconoscere e leggere immagini delle quali ha, in qualche modo, conoscenza sia per via diretta sia indiretta. Ovvero, il cervello è in grado di leggere immagini che esso stesso è abituato a vedere, o che qualcuno ha letto prima di lui o, anche, che qualcuno legge nel momento in cui si trova accanto. È facile comprendere questo modo di funzionamento, soprattutto dopo aver trattato le memorie biologiche e le norme di comunicazione cellulare. Si è, infatti, più volte affermato che "cellula parla a cellula". Questo tipo di funzionamento spiega il comportamento del cervello umano.

Per meglio comprendere il concetto, vediamo come esempio ciò che accadde a una bimba all'età di sei anni.

Si dirà che questa bimba è nata in montagna e ha continuato a viverci da sempre. Conosce le montagne fin dal primo giorno di vita, ma per vedere il mare deve aspettare fino all'età di sei anni, quando si reca in vacanza presso gli zii, accompagnata dalla sorella maggiore. La bambina osserva i colori vividi e intensi, memorizza i sapori e le immagini della prima giornata di vacanza. Infine, dopo un viaggio bellissimo e, a suo parere, lunghissimo, arriva in una pineta e, mentre gli adulti si affaccendano a smontare i bagagli e sistemarsi in casa, la sorella maggiore, prendendo in braccio la piccola, le mostra il mare in lontananza. Lo indica con il dito e, ansiosa, chiede "lo vedi?" La risposta della piccola la lascia stranita, perché lei risponde "no". E, infatti, non lo vede, scorge solo il cielo. La sorella insiste a lungo e la piccola nota che il cielo diventa a mano a mano più scuro, mentre scende a toccare l'orizzonte. Spiega alla sorella maggiore che vede solo questa differenza, e lei le dice che proprio quella parte più scura è il mare.

Da quel momento in poi, il mare diviene per la bambina "la fascia più scura del cielo prima che vada a congiungersi con la terra".

Questo significa che la bambina è nata senza l'immagine del mare ma questa era presente nella sua Vibrazione Personale, perché qualcuno, vicino a lei, la conosceva. Sua sorella l'aveva già appresa, perciò riuscì a richiamarla in lei, facendola passare dall'Emanazione direttamente al suo cervello che fu, in un tempo abbastanza breve, in grado di decifrare e mettere in memoria tale immagine. Questo è quanto accade continuamente al cervello biologico quando vede le immagini: decodifica, secondo schemi già esistenti nel singolo individuo, o in gruppi di persone, e mette in memoria. Se nessuno prima, per millenni, ha decifrato l'immagine di qualcosa che appare davanti agli occhi, allora non si sarà in grado di vederla. Semplicemente non esisterà. Nel caso in esempio, il mare non sarebbe esistito, per la bimba sarebbe stato solo cielo. Per questo motivo, in questo paragrafo, si tratta d'immagini che non esistono nella mente umana e riguardano, per lo più, la diversa concezione di tempo e spazio, in particolar modo la circolarità del tempo e la sincronia universale.

La linearità del tempo in cui è stata imbrigliata la Vibrazione Personale per eoni, ha fatto sì che tali concetti siano stati estromessi dall'Emanazione stessa, e sostituiti con concetti riferiti al "finito". L'attuale allentamento della coesione della Vibrazione Terrestre, consente di collegarsi alla Vibrazione Universale data dalle intersezioni dimensionali, infatti, in essa, non esistono tempo e spazio, e i punti d'intersezione sono dati da piani e vibrazioni. Una volta che si "entra" nella Vibrazione Universale, si prende l'immagine per proiettarla nell'Emanazione Personale e, di conseguenza, nel cervello della persona.

Tutti gli argomenti trattati fino a ora portano alla conclusione naturale che, ai fini dell'espansione della consapevolezza, il primo concetto di cui proiettare l'immagine, riguarda l'"Infinito". Inutile dire che questo potrà essere fatto solo in delta. Più precisamente si tratterà di portarsi nella Vibrazione Universale, in uno specifico punto d'intersezione dimensionale, prendere l'immagine di Infinito e proiettarla nella Vibrazione Personale di ciascuno.

Un altro motivo, per cui l'espansione della consapevolezza comincia dal concetto di Infinito, è che, nella nuova realtà quantica comune, bisogna essere in grado di concepire: Infinito luogo, Infinito spazio, Infinito cambiamento, infiniti mondi, infinite interazioni... insomma concepire la vita nel mondo all'Infinito.

Perché concepire la vita in questo modo?

Se manca tale concetto, (fino a ora è così per gli esseri umani) subentrano concetti finiti che portano l'idea d'inutilità di una vita infinita, ciò perché la vita protratta all'Infinito è concepita come ripetitiva e quindi inutile. Grazie al concetto nuovo di "Infinito", e, soprattutto, alla consapevolezza della conoscenza acquisita, è possibile allargare i propri orizzonti e cominciare ad abbandonare il concetto di finito che ha permeato fino ad ora la vita umana sulla Terra, dando luogo a dualità e contrapposizione.

Fino ad ora, il cervello umano ha, infatti, solo pensato all'Infinito, l'ha cioè concepito come pensiero, ma non l'ha mai portato nel mesencefalo e nel tronco encefalico, facendolo diventare parte di sé. Mediante la nuova immagine di Infinito appresa dalla Vibrazione Universale, il cervello comincia a comportarsi da Infinito. Abbandona pregiudizi quali la vita eterna vissuta come punizione. In cui si pensa che se si viva in eterno si è costretti a vedere le persone amate, andare via per sempre, e altri pregiudizi dello stesso genere. Con la nuova immagine di Infinito, il cervello allarga la propria visuale almeno fino a rendersi conto che quando l'Infinito esiste, sussiste per tutti, e nessuno dovrà morire prima degli altri, se non lo vuole esplicitamente.

Poi, comprende la cosa più importante, cioè che Infinito non è la stessa cosa di eterno. Eterno è, infatti, una sorta di maledizione, qualcosa cui non si può sfuggire, una condanna definitiva, quindi anch'essa finita. Mentre nel concetto di Infinito è insita la prerogativa del cambiamento.

Infinito è qualcosa che muta continuamente, non è stabile, perciò vivere la "vita all'Infinito" significa esistere fino a quando non si desidera cambiare. Nel caso specifico, cambiare può significare abbandonare il corpo, portarsi altrove, spostarsi in un altro Piano di Esistenza, ma anche portarsi altrove con il corpo, e altre possibilità ancora.

Infinite possibilità.

3. Riattivazione della ghiandola del Timo.

Quando gli individui accettano dentro di sé il concetto di Infinito, facendolo proprio, sono pronti a vivere la vita all'Infinito. A questo riguardo, chi sceglie di vivere nella possibilità quantica della vita all'Infinito, può interagire dando corpo a tale realtà, attraverso il cambiamento delle informazioni cellulari contenute nel corpo.

Si presenta perciò la necessità di preservare nella sua piena funzionalità la ghiandola del Timo.

Se si presta attenzione all'esatta posizione della ghiandola nel corpo umano - dietro allo sterno, appoggiato al pericardio -, ci si rende conto che questo è il punto esatto in cui, dopo il ritrovato equilibrio concernente "Uno con l'Universo", si vede il cuore pulsante dell'Essere. Il centro di se da quel momento in poi. Il punto in cui s'individua il *"Centro del Soffio Vitale"*.

Occuparsi di mantenere in piena efficienza la ghiandola del Timo, corrisponde a far sì che eviti di atrofizzarsi, nonostante la circolazione degli ormoni sessuali. Continui cioè a produrre linfociti, non solo per difendere l'organismo, ma anche, e soprattutto, per preservarlo dall'invecchiamento.

Andando per ordine, se si osservano i passaggi indicati fino a ora in questo cammino di evoluzione personale, ci si rende conto che il soggetto è stato liberato da ciò che appesantiva il suo Essere.

In poco tempo: credenze, cose, fatti, persone, pensieri, comportamenti, discordanze... sono state tolte, si è divenuti coscienti e presenti, ma proprio in quel punto, al centro del petto, è rimasta ancora qualcosa da sistemare. La rimozione delle cristallizzazioni delle sequenze emozionali non concluse, è avvenuta ed ha influito a livello Spirituale, bisogna riattivare la parte anche al livello materiale, affinché vi sia nuovamente la corrispondenza tra i due livelli.

Si dovrà perciò riattivare la ghiandola del Timo e riportarla nel pieno della sua funzionalità. Per riuscire in questo intento bisognerà cambiare l'informazione presente nelle cellule. Tale informazione prevede, infatti, da millenni, che la ghiandola, dal momento della pubertà in poi, cominci ad atrofizzarsi. Anche questo dato, così come ogni altro presente nel corpo umano, può essere cambiato con l'uso consapevole delle onde delta.

È quanto s'intendeva quando si è detto che sarebbe giunto il momento di cambiare anche ciò che la biologia ha definito "strutturale" nel soggetto e perciò stesso immutabile.

In questo momento si sta affermando che con il delta è possibile cambiare anche le informazioni cellulari che da secoli sono definite strutturali, poiché esse sono solo informazioni, e, come tali, acquisite, dunque modificabili. Ciò ha implicazioni molto vaste nel campo della ricerca, di qualsiasi genere essa sia. Infatti, si sta rivelando la possibilità di cambiare l'informazione d'invecchiamento e morte per vecchiaia, contenuta, allo stato attuale, nelle cellule del corpo umano.

Il che equivale a dire che l'immortalità del corpo fisico è possibile.

4. Rigenerazione della ghiandola del Timo.

Mediante la riattivazione fatta con l'utilizzo delle onde delta, la ghiandola del Timo riprende le sue funzioni, e le cellule perdono la memoria d'invecchiamento progressivo, poiché non più trasmessa dalla ghiandola in questione. Tuttavia rimane memoria d'invecchiamento seppure molto rallentato e morte delle cellule stesse a fine del loro ciclo vitale. Le memorie permangono perché, seppure ripulita, la ghiandola del Timo è la stessa.

E', dunque, necessario rigenerarla consapevolmente, poiché solo in questo modo le memorie cellulari date dalle convenzioni millenarie di spazio e tempo, che sono state ereditate da ogni essere umano o animale risiedente nel Piano dimensionale d'Esistenza in cui si trovano corporalmente, possono essere cancellate totalmente e sostituite con le leggi che si riferiscono alle altre dimensioni.

La ghiandola del Timo sarà visibile sulla Vibrazione Personale a chi abbia la necessaria preparazione nella meditazione profonda. Una volta individuata la ghiandola sull'Emanazione, s'invierà (in meditazione) onde di luce al fine di rigenerarla.

È spettacolare ciò cui si può assistere nella consapevolezza delle onde cerebrali. Si riesce a visualizzare la ghiandola che si presenta inizialmente color rosso rubino. D'improvviso essa inizia a ruotare vorticosamente in senso orario diventando, a mano a mano, più bianca e splendente, fino a mostrarsi fatta di luce bianchissima nel momento in cui smette di ruotare. La luce di cui è fatta si spande da essa tutto intorno. Generalmente ci si sofferma a guardarla affascinati. Quando si procede a una simile rigenerazione, anche dopo avere riaperto gli occhi, l'immagine della ghiandola fatta di luce e il suo splendore all'interno del corpo, continuano a essere reali in chi ha compiuto l'Opera, come se ciò che ha appena visto continuasse ad accadere sotto i suoi occhi, dando la sensazione di avere realizzato qualcosa di veramente grande. È emozionante comprendere che cosa è avvenuto nel cervello: si è appena creata l'immagine della ghiandola rigenerata ed è accaduto in una maniera talmente intensa che si è impressa nella mente. Essa l'ha trasmessa al corpo che a sua volta ha cominciato a cambiare la realtà.

Questo è il modo in cui la realtà cambia

costantemente: basta avere l'immagine vivida di ciò che si vuole fare.

Il motore di questo processo è, ovviamente, il desiderio; c'è del vero quando si dice che se non si sa esattamente che cosa si desidera, non si può creare la realtà. Significa che se non c'è un desiderio intenso che spinge a cercare l'immagine più idonea per sé di ciò che si desidera, quella cosa non può essere creata per sé, né da se stessi né da altri.

Cercando l'immagine della ghiandola del Timo e della sua rigenerazione, l'operatore in delta, ha, in modo molto semplice, creato la rigenerazione delle cellule del corpo senza l'informazione genetica d'invecchiamento e morte.

A questo punto si comprende appieno la potenza della Legge del Delta.

Essa è immensa, incommensurabile, come solo l'Universo sa essere.

5. Vibrare all'intensità della luce.

Innalzare, nel corpo umano, la vibrazione cellulare e la capacità di trasmissione d'informazioni tra cellule, fino a raggiungere la velocità della luce, equivale a che le cellule si rigenerino continuamente dalla luce stessa, perché in grado di vibrare alla stessa intensità. La raggiunta nuova vibrazione favorisce il loro ringiovanimento e il conseguente mantenimento all'Infinito di tale stato, poiché l'energia della luce è inesauribile.

La rigenerazione continua delle cellule coincide anche con il mantenimento continuo e perenne dello stato d'armonia.

L'innalzamento della vibrazione cellulare è molto interessante e ben s'inserisce nella trattazione della Legge delle Dimensioni. Senza tale innalzamento, infatti, il metodo che prevede l'utilizzo consapevole delle onde delta ha effetti immediati sull'individuo a livello Spirituale, Intellettuale, Emozionale e Sessuale, ovverosia su tutti i Piani dimensionali di Esistenza, eccettuato il solo terzo Piano. In quest'ultimo prevale l'esistenza a livello corporale-materiale dell'individuo, e

211

nell'attuazione dei cambiamenti messi in atto attraverso le onde delta, bisogna confrontarsi con la convenzione di tempo lineare. Perciò su questo livello, si osserva che il delta funziona, ma il cambiamento segue la tempistica - seppure accelerata - dei tempi biologici occorrenti alle cellule del corpo per avere tutte la stessa nuova informazione, o, meglio, a riprodursi con la nuova informazione.

In questo periodo, che si aggira intorno ai trenta giorni, il passaggio della nuova informazione a tutte le cellule può essere annullato o interrotto da combinazioni chimiche con residui della trama antica; in altre parole, da emozioni concernenti questioni del passato.

Con la vibrazione e la capacità di trasmissione cellulare elevate alla velocità della luce, la trama antica non potrà più intervenire a creare modificazioni, poiché essa ha mantenuto una vibrazione troppo bassa. In questo modo, si raggiunge e si stabilizza la forma migliore del corpo, per quanto riguarda la potenza, flessibilità, adattabilità, forza, bellezza... che lo rendono in grado di vivere la longevità infinita.

Si è già spiegato - nell'introduzione al presente capitolo - che, particolare importanza assume, nell'evoluzione delta, la bellezza e la giovinezza del corpo, dunque la forma fisica, che è il modo di esistenza nel mondo. A questo punto sarà facile coniugare tali enunciati, con il discorso in cui si afferma che la Bellezza è in Tutto, e che se gli esseri umani riescono a coglierla, sono in grado di attingere all'energia dell'Universo e innalzare le vibrazioni. E collegandoli, comprenderli appieno nella loro essenza. Infatti, si è dato, in precedenza, il concetto di Bellezza come forma del divino, ma ora è facile comprenderlo in termini di energia. La Bellezza è la forma di energia vibratoria massima, ed è presente nelle memorie biologiche di tutti gli esseri umani. Ciò significa che quando si ha bellezza, si vede bellezza o semplicemente s'intuisce bellezza, si è già nel piano divino.

La bellezza è ciò che avvicina l'uomo a Dio, dunque, poiché se si scorge bellezza, si è in grado di cogliere l'energia vibratoria massima, si vibra a un livello molto alto e si è in grado di creare armonia ed equilibrio.

Giunti a un certo grado di evoluzione, la bellezza è un moto dell'animo, è l'illuminazione che si rispecchia nel corpo.

È la consapevolezza che si materializza rendendosi visibile all'occhio umano attraverso la bellezza del corpo fisico. Non può essere illuminazione, consapevolezza, evoluzione spirituale, senza che sfoci in bellezza fisica, poiché solo in tal modo si sarà avuto accesso all'Unità, si è Uno con l'Universo, si è Un essere completo che ha superato il dualismo e la contrapposizione.

Poiché l'Universo è somma infinita d'incommensurabile Bellezza. Solo con la Bellezza si completa l'essere in totale armonia con se stessi. Una volta che si riesce a trovare la Bellezza dentro di sé, e a portarne l'immagine al cervello in modo consapevole, si avrà accesso completo all'energia del Tutto, e s'innalzeranno le vibrazioni. Quest'affermazione, significa che l'energia elettromagnetica emanata dal corpo vibrerà con vibrazioni più alte e farà si che l'Emanazione personale e universale sia sempre più accessibile a livello consapevole.

Si è più volte detto che se si portano immagini diverse al cervello, si può cambiare la propria vita. Se è vero questo, è anche vero che con l'immagine di bellezza del corpo fisico, s'innalzeranno le vibrazioni in tutto l'essere, poiché per i principi, olografico e di unitarietà, il cervello percepirà quella del corpo fisico come la bellezza dell'Universo.

E così è, infatti.

Ne deriva che chiunque viva nella Bellezza, con consapevolezza e senza discordanze o condizionamenti, ha già cominciato a innalzare le proprie vibrazioni.

Da quanto detto si deduce che un percorso di evoluzione possa cominciare da questo punto: innalzamento della vibrazione cellulare e capacità di trasmissione alla velocità della luce. Si tratta della vibrazione e trasmissione massima delle cellule, perciò, poiché il corpo umano non è abituato a tutto questo, avrà necessità di almeno quindici giorni, per imparare a gestire il nuovo stato in cui si troverà dal momento dell'innalzamento.

6. Dialogare con le Energie.

Quando si vibra di una vibrazione altissima, come quella della luce, si ha la possibilità di interloquire con qualsiasi Energia dell'Universo, dialogare con ognuna di esse, imparando e sentendo qualsiasi cosa. Arrivato a questo livello di evoluzione, infatti, l'essere umano difficilmente chiede ancora qualcosa o cerca di ottenere, poiché ha già cambiato la propria vita e ottiene continuamente ciò di cui ha bisogno, senza dovere chiedere più nulla. Ora, gli interessa imparare a gestire bene la propria nuova realtà, e comincia a interessarsi al bene degli altri, con il massimo rispetto per ogni tipo di scelta, e quindi senza interferire nell'operato di nessuno, se non vi sia esplicita richiesta in tal senso.

Non è necessario - nel dialogare con le Energie universali - utilizzare verbi nel modo imperativo, poiché il cervello, ha impresso la vibrazione massima alle proprie cellule e ha abbandonato paure e " sentimenti d'inferiorità" rispetto agli esseri dell'Universo e degli infiniti Universi.

Con l'innalzamento alla vibrazione massima, l'essere umano è divenuto pienamente l'uomo-dio e può dialogare con qualsiasi forma di energia: sia si tratti della propria scrivania, soldi, animali, sia di esseri di altre dimensioni, altri universi...

C'è sorpresa quando il corpo, o qualsiasi altra cosa con la quale si dialoga, risponde cose cui non si era mai pensato prima.

Tutto questo, è fattibile, perché vibrare alla vibrazione massima, significa Essere Amore Universale, e ogni cosa risponde all'Amore.

Sempre.

Il Delta
La Legge delle Dimensioni

CAPITOLO VIII

LA NUOVA ONDA QUANTICA

Fino a ora il discorso si è imperniato sulla conoscenza di se stessi: comprendere i propri bisogni biologici, il passato, liberarsi della discordanza, guardare dentro di sé e all'esterno, intravedere quale sia il Grande Piano dell'Universo per quanto riguarda l'esistenza sul terzo Piano dimensionale...

In questo capitolo, si avrà accesso a una parte nuova: si discorrerà, infatti, su come creare la propria nuova realtà e come staccarsi progressivamente da tutti i vecchi schemi. Perciò si descriverà, sommariamente un nuovo metodo, che è la creazione dell'immagine mediante la proiezione in delta. Significa creare un nuovo schema ma ciò è temporaneamente necessario, poiché si tratta di uno schema che aiuta a comprendere che, una volta liberi da schemi, si può creare qualsiasi scelta. Si tratta, palesemente, di una contraddizione in termini, perciò è bene considerare questo un esercizio, in cui si può apprendere un metodo utile a creare qualcosa d'altro. Ovviamente bisogna tenere presente che, poiché l'obiettivo finale di un percorso di evoluzione personale è creare la massima adattabilità, integrazione, consapevolezza ed espressione dell'individuo nell'Universo - in poche parole, la massima evoluzione dell'Essere umano - ogni schema che è creato all'inizio del discorso dovrà, necessariamente, essere rimosso entro la fine dello stesso. Bisogna che ogni individuo trovi da solo il modo per abbandonare ogni possibile schematizzazione della realtà.

Con gli argomenti trattati fino ad ora, si è cercato di dare un'idea di cosa significhi il cambiamento totale insito nella definizione "salto quantico". A questo punto della trattazione, si è ormai preso atto dell'imprescindibilità e concatenazione del Tutto, comprendendo appieno la portata del percorso intrapreso, e comprendendo che, essendo ogni cosa collegata, non è possibile cambiare parti della propria vita, ma essa va cambiata in ogni sua parte, in ogni suo aspetto, perché ora più che mai - grazie al rallentamento della rotazione terrestre e all'apertura della vecchia griglia - si è Uno con l'Universo. Finora si poteva pensare di cambiare la propria vita, coltivando però la convinzione recondita di farlo solo in parte, cambiando, cioè, solo le porzioni di realtà ritenute particolarmente fastidiose. Tuttavia quando si ha accesso alla conoscenza, è necessario accettare che la propria vita cambi in ogni sua parte, in ogni minimo particolare, perché solo così si può compiere il salto quantico.

Soltanto quando il singolo avrà compreso e accettato la necessità del cambiamento totale, si potrà procedere all'evoluzione consapevole di tutti gli individui.

1. Ancorare la nuova scia fotonica.

Si è indicato quale sia un modo idoneo per esprimere il desiderio e mantenerlo vivo costantemente nella propria realtà. È, dunque, interessante individuare un modo per creare la propria realtà: esprimere una serie di desideri coerentemente articolati e tali da "coprire" i settori più importanti della propria vita.

I settori individuati sono generalmente: lavoro, relazione sentimentale, famiglia, rapporti sociali, articolati per la realizzazione secondo lo schema

Desiderio - richiesta corretta - realtà.

È necessario spiegare al proprio cervello, quali sono le cose che si desidera ottenere in ogni settore affinché le abbia chiare. Una volta fatto questo, è importante risalire all'emozione cui è stata legata, nel passato, la realizzazione di desideri simili nei determinati settori. Le emozioni cancellate da discordanza saranno facilmente ritrovate, poiché presenti nella Vibrazione Personale. In tal modo le emozioni, tornano a essere presenti consapevolmente nel cervello dell'individuo, riattivando appieno la funzione del mesencefalo.

Quando le emozioni ritrovate, sono sovrapposte - mediante l'utilizzo consapevole delle onde delta - alle immagini corrispondenti ai desideri espressi, si entra nella fase di ancoraggio all'onda della nuova realtà quantica che si è scelto di vivere, tra le tante possibili.

In questa fase, l'individuo è in grado di rendersi conto che la propria vita è cambiata quasi del tutto, e per la maggior parte del tempo è esattamente così, come egli ha scelto che fosse. Tuttavia, è chiaro che in alcuni periodi - sempre più brevi - si ha la sensazione che ogni cosa torni a essere come nel passato. Un movimento ondulatorio che disorienta un po', dovuto al fatto che la nuova realtà non è stata ancora stabilizzata. Questa fase intermedia, ha però una sua utilità, poiché consente di avere la certezza che la scelta di nuova realtà quantica fatta, sia la migliore per sé, lasciando che di tanto in tanto riaffiori la vecchia realtà, al fine di poter avere un termine di paragone. Il cervello umano, ingabbiato in schemi da millenni, ha, infatti, bisogno di confrontarsi ancora un po', anche se più raramente, e questo dà una certa sicurezza, pur nella sua spiacevolezza. È una palese contraddizione, quella che porta l'individuo a stare male pur di ritrovare qualcosa che nel passato gli è appartenuta, ma così è.

Una volta che si è fermamente convinti delle scelte fatte, giunge il momento di ancorare l'onda della nuova possibilità quantica e di stabilizzarla, affinché sia definitivamente la nuova realtà.

Per evitare discrasie tra azione e realizzazione, in altre parole, per evitare di rientrare nel tempo lineare allontanandosi dalla sincronia dell'Universo in cui ogni cosa è qui ora, è indispensabile utilizzare la Legge del Delta. Si tratterà, infatti, di abbandonare l'ultima sfasatura tra tempo lineare e circolare. Osservando cosa accade nella vita di chi ha fatto il salto quantico, si nota che per sua espressa volontà tutto è creato e la nuova onda quantica è stata ancorata. Tuttavia, a livello di esistenza dimensionale, permane un sottilissimo diaframma che separa la dimensione corporale dagli altri Piani d'esistenza in cui l'onda è ancorata e la nuova realtà si sta esplicitando. La presenza di tale velo implica la permanenza di una sfumatura di tipo temporale. Si tratta di una carta velina che bisogna rimuovere affinché il creato si riversi nella quotidianità. Per liberarsi di questo sottilissimo diaframma, bisogna innanzitutto togliere definitivamente dalla propria vita le trame dell'aria o Trama antica che dir si voglia: si tratta degli ultimissimi frammenti della vecchia realtà. Come delle schegge, questi sono rimasti, in attesa che si fosse pronti al cambiamento totale. I frammenti hanno, infatti, filtrato la nuova realtà, rallentandola per il massimo bene dell'individuo. Quando egli è pronto a cambiare anche le ultime cose rimaste, tutte in una volta, è il momento di togliere la sottile pellicola delle trame dell'aria, liberarsi dal superfluo definitivamente. Poi si è pronti a fare l'ultimo passaggio per la realtà creata.

Si è detto che per creare la propria realtà o per fare la scelta tra le possibilità quantiche, bisogna spostarsi su altri Piani dimensionali di Esistenza, in cui siano assenti le convenzioni di spazio e tempo e nelle quali dire ora, subito, non ha corrispondenza né significato. Perciò bisogna imparare a trasporre nella propria realtà con effetti immediati in essa, ciò che è creato in altre dimensioni.

La ricerca di tale modo, e il confronto diretto con le implicazioni derivanti dalla convenzione di tempo, è fra le più affascinanti e appassionanti che si possano incontrare in un cammino di evoluzione. E' relativamente facile riuscire ad ancorare nella propria vita l'onda della nuova possibilità quantica. Tuttavia il tempo richiesto per il cambiamento totale della realtà di una persona, in ogni sua singola parte, si aggira mediamente intorno a un anno solare del tempo lineare. Riuscire a stabilizzare l'onda quantica, significa ottenere la realizzazione a livello corporale-materiale entro una media di ventiquattro - quarantotto ore. Questo grande risultato, è favorito dalla sistemazione delle immagini concernenti la nuova realtà quantica scelta per la propria vita, direttamente all'interno della doppia elica del DNA.

Infatti, se la proiezione in delta della nuova immagine su tre punti ben precisi del cervello dà luogo all'ancoraggio della nuova realtà creata, la successiva proiezione in delta della stessa immagine all'interno della doppia elica del DNA, dà luogo alla stabilizzazione pressoché immediata di tale realtà. Con questo passaggio, l'immagine si va a collocare da sola nella doppia elica, assumendo la sua naturale consistenza d'insieme di elementi chimici, della stessa natura del corpo, poiché di quella Universale lo è già. Semplificando, si può dire che in questo modo, l'immagine creata è già elaborata come serve al corpo umano e si presenta sotto la stessa forma di elementi chimici a esso conosciuti, quindi è già nel DNA.

Questo è il significato profondo di certi modi

di dire in cui si pronunciano frasi del tipo: "Il commercio l'ha nel DNA"; o " quella persona mi è entrata nel DNA" o ancora "ha la musica nel DNA"...

Si tratta dunque di fare consapevolmente quanto già presente nelle memorie biologiche, tanto da essere tramandato anche nei modi di dire.

Ancora una volta scopriamo che tutto parla del Tutto, basta volerlo leggere.

2. Il desiderio irresistibile.

Finora, si è detto che è possibile procedere alla creazione della realtà attraverso l'utilizzo dell'emozione singola. Cioè attraverso il collegamento di un'emozione che per il singolo individuo in passato ha "funzionato", alla realtà da creare.

Questo meccanismo funziona, tuttavia, proprio perché si ricupera da una memoria passata, adesso si presenta, come uno schema che è già diventato vecchio, quindi non completamente attinente alla nuova realtà.

Mentre si crea la nuova realtà, ex novo, senza relazione all'esperienza passata, bisogna trovare l'emozione che è in grado di creare il nuovo. L'emozione che è bene utilizzare è, paradossalmente, la stessa per tutti gli individui, si tratta del *"desiderio irresistibile"*.

Vale per tutti, indistintamente. Si potrebbe quasi dire che il desiderio irresistibile è ciò che accomuna tutti gli esseri umani. Che fa si che i desideri dei bambini si avverino. È ciò che ha fatto sì che, almeno una volta nella sua vita ogni individuo abbia realizzato un desiderio.

È tuttavia ciò che, nella maggior parte delle

persone, è andato perso. Per ritrovarlo, bisogna tornare con il ricordo a una volta in cui si è realizzata qualcosa che si desiderava tanto, ma appariva quasi impossibile realizzare. Una volta trovata tale immagine attraverso la ricerca consapevole del ricordo, bisogna tornar a quando si è deciso di volere fare l'azione schematizzata in tale immagine, e, in particolare, all'emozione provata in quel momento. Quell'emozione è, con certezza, il "desiderio irresistibile", che si presenta per ogni persona in modo assolutamente diverso, a sancire ancora una volta la differenza tra individui.

Una volta ricordata l'emozione come sensazione, il cervello la mette in memoria e la associa alla frase "desiderio irresistibile". Da quel momento, quando si vuole creare qualcosa nella realtà, con effetto immediato, bisogna mettersi in quell'emozione e chiedere l'immagine che serve.

Questo è sufficiente, poiché è stata ritrovata la capacità di creazione conosciuta, e persa, quando si era bambini. Ho, infatti, avuto modo di notare che l'esclusione di quella determinata emozione dalla memoria delle persone è avvenuta in un'età compresa tra i quattro e i dieci anni. A spingere un tale abbandono, generalmente, è stata una discordanza, venuta subito dopo avere ottenuto ciò che si voleva. Una disarmonia che, nella maggior parte dei casi, è stata indotta da un giudizio o azione di un adulto, volta a punire proprio la capacità di creazione della realtà più confacente a se stessi.

Ci si potrebbe chiedere come mai questo desiderio deve essere ripreso dal passato se tutto ciò che è appartenuto alla precedente realtà quantica, è ormai andato, nella nuova vita. La risposta è molto semplice: senza di esso non potremmo essere qui. L'unica vera spinta per l'evoluzione, è venuta al genere umano dal desiderio irresistibile di evolvere. Ogni volta che si parla di fede, di speranza, di futuro migliore... nella realtà si sta parlando di desiderio di cambiamento, di evoluzione... in una parola di desiderio irresistibile.

E così è ancora, e ancora sarà.

Bisogna riattivare la capacità di sentire desiderio irresistibile, per far sì che ognuno riacquisti la capacità di vivere come un Essere Magico, perché ciò è, in potenza, ogni essere umano.

Utilizzando il desiderio irresistibile all'interno della tecnica delta completa, nell'arco di due giorni, ogni cosa, qualsiasi, sia stata creata in questo modo, è nella vita dell'individuo che l'ha plasmata, concreta e visibile agli occhi di tutti.

3. La Fotogenesi.

Ciò che s'impara a fare con l'uso consapevole delle onde delta, si chiama Fotogenesi, in altre parole creazione di Luce. Tale termine è attribuito, nel vocabolario italiano, a qualche pianta e animale, che, come fa la lucciola, crea in sé luce e la espande all'esterno.

Questo è ciò che tutti possono fare sempre, una volta acquisita la Legge del Delta. Con la luce ogni individuo può cambiare la propria realtà e creare un mondo di Luce per tutti. Essere in grado di generare la Luce, produce, nel corpo umano, cambiamenti importanti che vanno dalle informazioni cellulari, operate attraverso la ghiandola del Timo, fino al rapporto con le memorie biologiche più antiche.

4. Apertura degli Star Gate.

La raggiunta capacità di produrre la luce attraverso la Fotogenesi, è, a sua volta, indice della capacità di accedere alla Vibrazione Universale.

Come già descritto, anche la Vibrazione Universale, si configura al cervello umano come una sfera composta di cerchi orizzontali e verticali intersecantesi, e formati a loro volta di sottilissimi quanti fotonici che danno a tali "meridiani" e "paralleli" la caratteristica della luminosità iridescente. Nei punti d'intersezione dimensionali, si trovano le immagini di tutto ciò che è nell'Universo, ivi comprese immagini che non sono mai state del cervello umano, quali l'immagine di Infinito etc. Espandendo la consapevolezza, gli esseri umani sono in grado di accedere e, soprattutto, di accelerare il "passaggio alla multidimensionalità" verso la quale si sta dirigendo questo Pianeta. In quale modo, è possibile fare questo?

Tornando a conoscere il proprio "obiettivo di vita" e facendolo. L'obiettivo di vita è il motivo per cui si è in vita in questo luogo in questo momento storico, e, in generale, si può dire con certezza che chiunque stia seguendo il percorso che prevede l'utilizzo consapevole delle onde delta, ha un obiettivo di vita che riguarda aiutare la Terra a compiere il Passaggio dimensionale con gioia, grazia e leggerezza.

Attraverso l'utilizzo della Vibrazione Universale, è dunque possibile - tra le altre cose - conoscere il proprio obiettivo di vita. Vi è la possibilità, di sovrapporre letteralmente le due Vibrazioni, la Personale e l'Universale, per ottenere informazioni individuali, ma con la visione generale del Grande Piano dell'Universo riguardante l'evoluzione umana. È possibile portare la Vibrazione Personale a ruotare fino a fare coincidere il punto d'intersezione spazio-temporale corrispondente all'immagine di obiettivo di vita, con il punto d'intersezione dimensionale della Vibrazione Universale, relativo allo stesso obiettivo di vita ma nella totalità del Grande Piano dell'Universo. In tal modo, nella coincidenza dei punti, sarà come aprire uno Star Gate, che consentirà di espandere la consapevolezza del proprio obiettivo personale a livello Universale.

Si sarà in grado di comprendere quale sia il posto occupato dal proprio obiettivo nel Grande Piano dell'Universo e cosa esso, quindi l'individuo cui appartiene, concorra a creare all'interno del Tutto nella Grande Evoluzione della specie. Una volta trovato il proprio Obiettivo di Vita, non resta altro che farlo.

Fare, infinitamente fare.

RIASSUMENDO

Si comincia con il ritrovare i propri bisogni, progetto-senso, discordanza, paure, modo di risposta all'ambiente esterno, le personali capacità di adattamento, potenzialità e caratteristiche.

Una volta consapevoli di questo, si sapranno individuare con chiarezza le parti del file che non sono proprie, e che bisogna cambiare per essere in equilibrio con se stessi.

Dopodiché, con lo strumento del delta, ognuno potrà fare i cambiamenti necessari, cambiando così la propria vita.

Questo strumento permette di cambiare le informazioni contenute nelle cellule, e creare cambiamento dovunque ci sia disarmonia. Esso funziona perché arriva nelle profondità dell'Essere utilizzando l'energia sottile nella vibrazione più alta. Tuttavia, la cosa più importante, che l'utilizzo delle onde consente, è l'accesso alla Vibrazione Personale per attingere l'immagine assoluta di ogni cosa. Infatti, molto spesso non si ha l'immagine di ciò che è utile; per esempio qualcuno che è malato fin dalla nascita, ha perso l'immagine del suo benessere, anche l'immagine relativa.

Così chi è abituato a pensare di volere cose che possono andare bene per altri, ma non per sé, desiderare i desideri di altri, della pubblicità, degli amici, del vicino di casa, secondo l'ambiente sociale in cui vive...queste persone hanno ormai perso l'immagine dei propri bisogni, dei propri desideri... Ecco perché, innanzitutto, bisogna ritrovare la propria struttura, i bisogni reali, e ripulirsi da convinzioni bloccanti e credenze apprese o ereditate, da risposte automatiche...

Si giunge così, pronti a fare il salto quantico.

Lo strumento che si è cercato di descrivere, serve, collegandosi al Tutto, a prendere l'immagine di cosa è essere in armonia e quindi a creare il progetto per la propria nuova vita. Una volta imparato a usare il delta, è come se la vita passasse a un altro livello. Quando si raggiunge il nuovo livello, tutto avviene istantaneamente, perché l'individuo è continuamente in contatto con l'energia del Tutto e tutto è immediatamente a disposizione di chi chiede.

"Chiedete e vi sarà dato" hanno detto tutti i più grandi Maestri del passato, poiché Tutto è a disposizione di tutti: il benessere, i soldi, il malessere, la gioia, la felicità, il lutto e la tristezza...

È indispensabile individuare cosa si è chiesto per se stessi fino a ora nella propria vita, cosa si è scelto di vivere e cosa si è vissuto.

L'utilizzo del delta darà la maestria della propria vita...

Per fare tutto questo non s'impiegheranno più anni di lavoro e ricerca, si potrà fare ogni cosa in breve tempo poiché è già nell'ordine universale che chiunque abbia benessere in ogni settore.

L'Universo ha per tutti gli esseri umani progetti molto più importanti che tenerli a macerarsi in problemi dati da insignificanti motivi. Ha un suo grande Piano all'interno del quale ognuno è inserito, è l'evoluzione della specie umana... Ognuno ha un suo compito ben specifico all'interno di questo Piano, ed ha il libero arbitrio, perciò ha davanti a sé infinite possibilità.

Sta alla sua consapevolezza scegliere quella che ritiene sia la più opportuna per sé.

Lucia Dettori

architetto affermato e sensibile, si dedica da diversi anni allo studio e alla ricerca in ambito spirituale, sviluppando un precipuo interesse per le tematiche dell'Evoluzione umana in rapporto alle Leggi dell'Universo.

Attraverso lo studio delle onde cerebrali è giunta da tempo alla formulazione di una sua propria teoria basata su principi di fisica e meccanica quantistica, teoria riassunta nel saggio

"Il Delta, la legge delle dimensioni" 2009.

Altre sue pubblicazioni sono:

Eléne 2008

La Città del Sogno 2010

Il Canto delle Carte 2013

Le Pergamene 2015

SOMMARIO

Il Delta
La Legge delle Dimensioni

Il Delta

La Legge delle Dimensioni